滴灌知识120问

DIGUAN ZHISHI
120 WEN

陈林　程莲　主编

中国农业出版社
北　京

图书在版编目（CIP）数据

滴灌知识120问 / 陈林，程莲主编．—北京：中国农业出版社，2021.5
ISBN 978-7-109-28256-8

Ⅰ.①滴…　Ⅱ.①陈…　②程…　Ⅲ.①滴灌一问题解答　Ⅳ.①S275.6-44

中国版本图书馆CIP数据核字（2021）第089435号

中国农业出版社出版
地址：北京市朝阳区麦子店街18号楼
邮编：100125
责任编辑：廖　宁　　文字编辑：冯英华
版式设计：王　晨　　责任校对：赵　硕
印刷：中农印务有限公司
版次：2021年5月第1版
印次：2021年5月北京第1次印刷
发行：新华书店北京发行所
开本：880mm×1230mm　1/32
印张：4.75
字数：150千字
定价：28.00元

编　委　会

前言

FOREWORD

从1996年开始，我国的滴灌技术应用步入快速发展阶段。经过20多年的发展，目前，我国已成为世界上滴灌技术应用面积最大的国家，滴灌技术在40多种大田作物上得到规模化推广应用，全面提高了农作物的产量和品质，得到广大农民的认可，被农民形象地喻为“实现现代农业的高速公路”。但在实际应用中，仍存在设计不规范、设备选型不当、运行管理粗放等问题，没有充分发挥出滴灌技术应有的作用和效果。本书通过问答形式，用通俗易懂的语言来解决农户实际生产中遇见的相关问题，达到增加农民收益的目的。

全书分为十二章，前六章主要介绍了滴灌技术及水肥一体化技术的基础知识，以及滴灌系统设备的类型、滴灌系统设计的目的和原则、滴灌系统安装和运行管理的注意事项。后六章主要介绍滴灌技术的应用情况，主要是在粮食作物、主要经济作物、经济林果作物、设施作物及生态治理方面的应用，可以直接指导农户对这些作物进行滴灌技术种植的管理，具有一定的实操性。本书应用深入浅出的文字进行叙述，内容丰富、知识全面，反映了实际操作中的经验总结和最新技术水平，可为广大应用者提供参考。

本书的编写出版得到国家重点研发计划（2017YFD0201506）、科技部万人计划科技创新领军人才项目、兵团重点领域科技攻关计划项目（2020AB018）、兵团英才项目、新疆生产建设兵团第八师重大科技项目（2018ZD03）、新疆生产建设兵团第八师石河子市重点实验室项目（2019PT02）等资助，特此感谢！

本书经过多次修改，但由于业务水平有限，疏漏与不足之处在所难免，望读者批评指正！

编　者

2020年11月

目录
CONTENTS

第一章

滴灌技术概述

1. 什么是滴灌，原理是什么？

滴灌是微灌技术之一。通过有压供水管道系统与安装在末级管道上的灌水器（滴头、微喷头、滴灌管、微喷带、渗灌管等），按照作物需水要求，通过灌水器，将作物需要的水分和养分一滴一滴均匀而又缓慢地滴入作物根区土壤中的灌水方法。滴灌能将水和植物生长所需的养分以较小的流量，均匀准确地直接输送到作物根部附近的土壤表面和土层中或作物叶面，实现局部灌溉，使作物叶面或根部经常保持在最佳的水、肥、气状态，能够较精确地控制灌水量。

滴灌不会破坏土壤结构，土壤内部水、肥、气、热经常保持适宜于作物生长的良好状况，蒸发损失小，不产生地面径流，几乎没有深层渗漏，是一种省水的灌溉方式。滴灌的主要特点是灌水量小，灌水器流量为 2～12 升/时。因此，一次灌水延续时间较长，灌水的周期短，可以做到少量多次；需要的工作压力小，能够较准确地控制灌水量，减少无效的棵间蒸发，不会造成水的浪费；滴灌还有利于实现农业种植的自动化管理。

滴灌还有一个很大的优点是在倾斜地块能实现均匀灌溉。即使在坡度为 25%的陡坡地上，也可以采用压力补偿滴灌系统进行均匀灌溉。管道可以直接布置在坡地和地势不平的地段进行灌溉，不需要像漫灌那样精心平整土地，筑埂打畦，节省了劳动力。

滴灌技术是一种先进的灌溉技术，其水的利用率可达 95%左右。与传统淹灌模式比较，完成了革命性的改变，即渠道输水向管道输水改变、浇地向浇庄稼改变、水肥分开向水肥一体化改变。

2. 滴灌技术有哪些优势？

膜下滴灌节水技术主要有以下优势。

（1）省水 在作物生长期内，比常规地面灌溉省水 40%～50%。

（2）省肥 可溶于水的专用肥随水施至作物根系附近，易被作物吸收，提高了利用率，如氮肥利用率可高达 70%，比传统施肥方法高 30%～70%。

（3）省地 由于取消了田间渠道，可节约耕地 5%～7%。

（4）省人工和机力 通过阀门控制灌溉，使每人管理定额成倍提高。同时膜下滴灌保持土壤疏松，膜内有地膜覆盖抑制杂草生长，膜间不灌溉杂草不易生长，可以少中耕或免中耕，减少农机作业。

（5）有局部排盐作用 滴灌浸润区将土壤盐分排向湿润峰的边缘，湿润峰外围形成盐分积累区。湿润峰内形成脱盐区有利于作物生长，改善了作物生长环境。

（6）提高作物的抗灾能力 由于科学灌水、施肥、施药，作物生长状态良好，在遭遇灾害天气时，作物抵抗能力强，减产幅度小。

（7）提高产量 采用膜下滴灌技术苗肥、苗壮、收获株数增加，并为作物生长创造了良好的水、肥、气、热环境，可使作物增产 30%左右，低产田可增产 50%以上。

（8）提高产品品质 生长条件好，水肥需求适当，使产品整体品质改善，特别是能增加瓜果的甜度。

（9）环保 不易产生深层渗漏，化肥对地下水的污染小；采用滴灌后，土壤湿度小，保护地栽培时棚内湿度低，病虫害不易滋生，农药用量少。

3. 膜下滴灌和滴灌的区别是什么？

膜下滴灌技术是一种结合了以色列滴灌技术和国内覆膜技术优点的节水技术，即在滴灌带或滴灌毛管上覆盖一层地膜。这种措施适合在低温冷凉、热量不足的西北等区域使用，可起到增温保墒、增产增收的效果。

（1）蓄水保墒　膜下滴灌与裸地滴灌相比减少了土壤水分蒸发，还起到蓄水保墒的作用。可大幅度节水，节水量可达 40%以上。

（2）提高地温　一般来说，可以提前播种，相当于为农作物延长生长季节 15～20 天，冬春季节膜内 0～5 厘米地温可提高 2～4℃，近地层气温可提高 4～8℃。

（3）有效地控制杂草生长　覆膜栽培还可促进土壤微生物活动，加快有机物质分解，改善土壤物理化学结构，为农作物生长创造适宜的生态环境。

4. 我国滴灌技术的发展过程和发展阶段如何划分？

（1）发展过程　1996 年，新疆生产建设兵团第八师的水利工作者率先把滴灌技术应用在大田作物棉花的栽培试验上，在 121 团 25 亩* 弃荒地上进行了棉花膜下滴灌试验并喜获成功；1997 年，试验范围扩大到 642 亩棉田；1998 年，新疆生产建设兵团第八师扩大了试验规模，在不同地点的五个团场 1 287 亩棉花地，开展了膜下滴灌技术结合生产的应用性中试。棉田试验结果进一步验证了前两年试验的成果，即节水量达 50%，中低产田增产明显、肥料利用率明显提高。连续三年试验，大田棉花应用膜下滴灌节水技术在新疆生产建设兵团第八师获得成功，为兵团大规模推广该项技术

* 亩为非法定计量单位，1 亩≈667 米^2。

应用奠定了基础。

1999 年元月，《新疆生产建设兵团关于大力发展节水灌溉的决定》（新兵发〔1999〕1 号）出台，号召全兵团大力发展喷、微灌，力争近几年内喷、微灌建设取得突破性进展，掀起了兵团喷、微灌建设的热潮。2000 年，兵团为了推广滴灌技术，每亩地给予补贴材料费 200 元，由此也拉开了兵团大力推广节水技术、发展节水农业的序幕。当年，全兵团新增滴灌面积 21.27 万亩，其中第八师就占 12.51 万亩，兵团滴灌总面积达到了 24.98 万亩。在此基础上，兵团党委做出了在“十五”期间兵团建设 400 万亩（其中微灌 250 万亩）现代化灌溉工程的决定，并作为兵团党委实施中央西部大开发战略的一项龙头工程。

（2）发展阶段 我国滴灌装备经历了引进—消化吸收—研发的过程，自 1974 年由墨西哥政府赠送我国三套滴灌设备开始引进滴灌技术以来，我国滴灌设备主要经历了以下六个阶段。

第一阶段，主要是指 1974—1980 年，我国引进滴灌设备，然后进行消化吸收、设备研制和应用试验与试点阶段。从墨西哥引进滴灌技术分别在山西省大寨村、河北省沙石峪村、北京市密云县共 6 公顷土地上进行果树、蔬菜和粮食作物的试验研究。1980 年研制生产了我国第一代成套滴灌设备，通过了水利电力部技术鉴定，填补了我国滴灌设备产品的空白。从此，我国有了自行设计生产的滴灌设备产品。

第二阶段，主要是指 1981—1985 年，属于缓慢发展阶段，微灌设备产品改进和应用试验研究与扩大试点推广阶段。1983 年，在河北省唐山市召开了滴灌科研成果评议会，对中国科学院、水利电力部水利水电科学研究院提出的燕山滴灌系统规划设计的方法、大田作物移动滴灌试验研究、微灌滴头的研制和应用及调压水阻管的研制和应用 4 项成果给予了肯定。1985 年，在河北省遵化县召开了滴灌技术座谈会和全国首届滴灌技术交流交易会。到 1985 年，我国滴灌面积发展到 1.5 万公顷，在这期间，我国滴灌设备研制与生产厂由一家发展到多家，对已有的产品进行缓慢改良，如研制新的滴头、补偿滴头等，这对我国节水灌溉设备的研制和开发起到了极大的推动作用。

第三阶段，主要是指1986—1990年，示范推广阶段，1986年原国家科学技术委员会将“滴灌配套设备系列开发”列入国家星火计划，促使滴灌技术向多部门、多学科和多层次的方向迅速发展。1988年7月，河北省科学技术委员会受国家科学技术委员会委托，组织了由25名专家教授组成的鉴定委员会，通过了国家星火计划项目“滴灌成套设备”的鉴定。这标志着我国滴灌技术在设备制造、规划设计和运行管理等方面在“七五”期间已初步取得了一定的进展。

第四阶段，主要是指1990—1996年，滴灌制造设备引进阶段，批准中国华阳技术贸易（集团）公司与原北京农业工程大学、河南省新乡市水利科学研究所，在河南省召开“引进微灌技术评议研究会”，由来自以色列的专家与我国水利部、农业部、轻工业部等不同学科、不同领域的85名专家进行技术交流。“八五”期间，主要引进了以色列、美国等国的高新技术和设备，通过直接引进国外的先进工艺技术，高起点开发研制微灌设备产品。1995年我国滴灌面积已达4.3万公顷，其中山东滴灌面积2万公顷，跃居全国之首。

第五阶段，主要是指1996—2007年，滴灌技术高速发展的阶段。进入20世纪90年代后，在引进与仿制的基础上，国内具备了一定自主研发滴灌产品的能力，开发了一系列适合中国国情的滴灌产品。“九五”末，我国取得了一批具有自主知识产权的滴灌设备及器材生产技术，大幅度降低了滴灌工程一次性投资成本，进口国外设备由2 500元/亩降低到800元/亩。膜下滴灌技术率先在大田棉花上取得了显著的节水和增产效果。微灌生产企业已发展到了30多家，制定了微灌产品和微灌工程技术规范行业标准，使微灌工程建设与运行管理逐步走向规范，为我国稳步健康发展微灌技术提供了设备技术和质量保证，我国的微灌技术已趋于成熟。“十五”期间，在国家“863”重大项目及重大科技攻关的引领、支撑下，优化和完善了田间管网设计及相关农艺配套技术，大大降低了成本。到 2000 年，我国滴灌面积达到 16.7 万公顷，2004 年发展到 26.7 万公顷。2007 年，全国滴灌面积达到 70 万公顷，其中新疆生产建设兵团 48 万公顷，位居全国第一。

第六阶段，主要是指 2007 年以后至今，滴灌稳定快速推广普及阶段。滴灌技术受到广泛重视，技术应用日益稳定普及，长江以南以温室大棚滴灌为主，果树滴灌为辅；山东、东北、华北温室大棚蔬菜和果树滴灌、微灌并进；西北以棉花、果树为主；其他为荒山、道路绿化和荒漠化治理。国内微灌管材和管件经过多年发展，已经形成规格化、系列化产品，国内生产厂家众多，生产规模、产品质量、数量、配套规格已基本适应微灌发展要求，市场趋于饱和。

5. 我国滴灌技术种类和应用范围有哪些？

根据滴灌工程中毛管在田间的布置方式、移动与否以及进行灌水的方式不同，可以将滴灌系统分为地面固定式、地埋固定式、移动式。

(1) 地面固定式　毛管布置在地面，在灌水期间毛管和灌水器不移动的系统称为地面固定式滴灌系统，现在绝大多数采用这类系统。应用在果园、温室、大棚和少数大田作物的灌溉中，灌水器包括各种滴头和滴灌管、带。这种系统的优点是安装、维护方便，也便于检查土壤湿润程度和测量滴头流量的变化情况；缺点是毛管和灌水器易损坏和老化，对田间耕作也有影响。

(2) 地埋固定式　将毛管和灌水器（主要是滴头）全部埋入地下的系统称为地下固定式滴灌系统，这是近年来滴灌技术的不断改进和提高，灌水器堵塞减少后才出现的，但应用面积不多。与地面固定式系统相比，它的优点是免除了毛管在作物种植和收获前后安装与拆卸的工作，不影响田间耕作，延长了设备的使用寿命；缺点是不能检查土壤湿润程度和测量滴头流量的变化情况，发生问题维修也很困难。

（3）移动式　在灌水期间，毛管和灌水器在灌溉完成后由一个位置移向另一个位置进行灌溉的系统称为移动式滴灌系统，此种系统应用也较少。与固定式滴灌系统相比，提高了设备的利用率，降低了投资成本，常用于大田作物和灌溉次数较少的作物，但操作管理比较麻烦，管理运行费用较高，适合于干旱缺水、经济条件较差的地区使用。

根据控制系统运行方式的不同，可分为手动控制、半自动控制和全自动控制。

（1）手动控制　系统的所有操作均由人工完成，如水泵、阀门的开启及关闭，灌溉时间的长短，灌溉的时间等。这类系统的优点是成本较低，控制部分技术含量不高，便于使用和维护，很适合在我国广大农村推广；不足之处是，使用的方便性较差，不适宜控制大面积的灌溉。

（2）半自动控制　系统中在灌溉区域没有安装传感器，灌水时间、灌水量和灌水周期等均依据预先编制的程序，而不是根据作物和土壤水分及气象资料的反馈信息来控制。这类系统的自动化程度不高，有的是一部分实行自动控制，有的是几部分实行自动控制。

（3）全自动控制　系统不需要人直接参与，根据反映作物需水的某些参数通过预先编制好的控制程序可以长时间地自动启闭水泵和自动按一定的轮灌顺序进行灌溉，人的作用只是调整控制程序和检修控制设备。这种系统中，除灌水器、管道、管件、水泵、电机外，还包括中央控制器、自动阀、传感器（土壤水分传感器、温度传感器、压力传感器、水位传感器和雨量传感器等）及电线等。

6. 目前已经产业化应用滴灌技术的作物有哪些？

滴灌技术最早在经济作物上推广，逐渐推广到果树和温室大棚等方面。目前，已在近40种大田作物上进行了应用，我国是世界上滴灌技术应用面积最大、作物种类最多的国家。

应用滴灌技术的主要有粮食作物，如小麦、玉米、水稻、马铃薯、糜子等；油料作物，如大豆、花生、油菜、油葵、油莎豆、油茶等；经济作物，如棉花、加工番茄、西瓜、甜瓜、甜菜、甘蔗、烟草、线辣椒、山药、洋葱、咖啡、枸杞等；果树，如葡萄、枣、柑橘、黄桃、樱桃、蟠桃、脐橙、梨树、苹果、核桃等；设施作物，如草莓、芹菜、叶用莴苣、甘蓝、白菜等；牧草，如苜蓿、红柳、肉苁蓉、四翅滨藜等饲草和沙生植物。

7. 一般滴灌系统的组成和投入占比如何？

滴灌系统一般由水源工程、首部、输配水管网、毛管（滴灌带、滴灌管）等组成。

（1）水源工程 水源工程主要是指拦水、引水、蓄水、提水和沉淀工程，以及相应的输配电工程。同时，因为滴灌系统对水质有一定的要求，可针对不同水源的水质和漂浮物等情况采取相应的处理措施，防止滴灌系统被堵塞或滴灌系统使用效果降低，避免作物减产。

（2）首部 滴灌系统的首部主要包括水泵、施肥装置、过滤器等设备，滴灌常用的水泵有潜水泵、离心泵、深井泵和管道泵等。水泵的作用是将水流加压至系统所需压力，并将其输送到输水管网。如果水源的自然压力（水塔、高位水池、压力给水管）满足滴灌系统压力要求，则可省去水泵。

过滤设备是将水流过滤，防止各种污物进入滴灌系统堵塞滴头或在系统中形成沉淀。当水源为河流和水库等水质较差的水源时，需建沉淀池进行沉淀后再使用。过滤器主要有泵前、离心、砂石、网式过滤器这几类，还有自动反冲洗类的各种过滤器，可以单独使用，也可以组合使用。

施肥设备的作用是使易溶于水的肥料以及农药、除草剂、化控药品等，在施肥罐内充分溶解，然后再通过滴灌系统输送到作物根部，施肥设备是水肥一体化的重要部分。

（3）输配水管网 输配水管网的作用是将首部处理过的水、肥等按轮灌方式一一输送分配到滴灌带，一般由干管、分干管、支管和毛管（滴灌带、滴灌管）等组成。干管、分干管一般埋在冻土层以下，支管置于地面，毛管（滴灌带、滴灌管）根据情况可置于地表或置于土表1～2厘米处，是滴灌系统末级管道。

（4）毛管（滴灌带、滴灌管） 毛管（滴灌带、滴灌管）是通过狭长的流道或孔口（孔眼）将毛管中的压力水通过减压变成水滴或细流滴灌作物的装置。工作压力为50～100千帕，流量通常为1.32～3.2升/时等不同规格，经过流道的消能及调解作用，均匀、稳定地滴入土壤作物根层，满足作物对水、肥的需求。毛管通常放在土壤表面，也可以用浅埋固定方式，常用的毛管有单翼迷宫式、内镶式、压力补偿式三种（图1-1）。大田作物多用单翼迷宫式滴灌带。

图1-1 毛管

1. 单翼迷宫式 2. 内镶式 3. 压力补偿式

滴灌系统各部分组成（图1-2）的投入占比与滴灌面积大小

有关系，滴灌系统控制面积规模应适中，控制面积过大则运行费用随之增大，灌水均匀度降低，能耗增加，轮灌管理困难，系统安全性降低；而系统控制面积过小初置一次性投入也会随面积减小而增加，首部距离地块远，费用也将增加。一般系统规模在 500～1 500 亩比较经济合理。

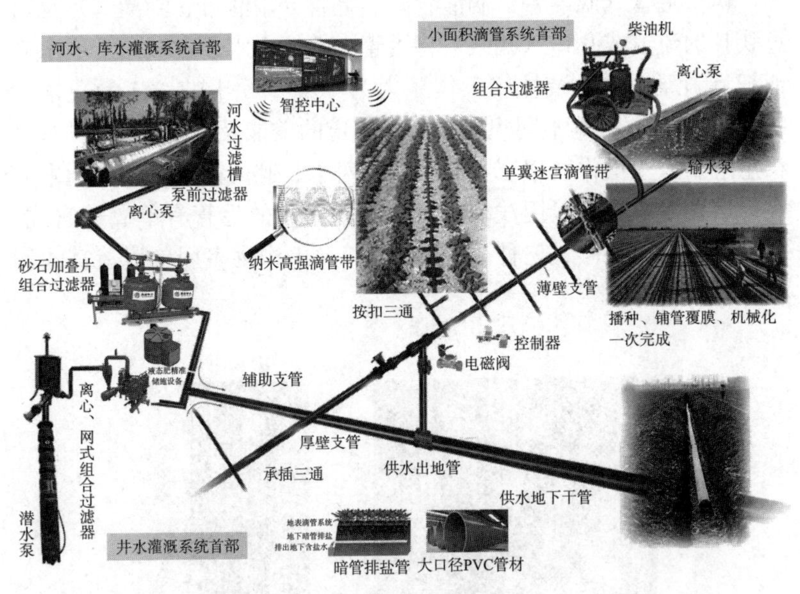

图 1-2　滴灌系统组成

8. 为什么说灌水器是滴灌系统的核心？

我国灌水器品种和规格不断增加，滴头类系列由管间式滴头发展到微管滴头、孔口滴头、可调式滴头、补偿式滴头等。滴灌管（带）系列有双腔滴灌管（带）、边翼迷宫薄壁滴灌带、内镶片式滴灌管（带）、内镶柱式滴灌管、内镶条式滴灌带、贴片式滴灌带等。灌水器产品初步形成多样化和部分系列化，适用性更为广泛，为用户选择和使用提供了方便。

灌水器是整个滴灌系统的核心和关键部分，其结构的优劣对灌水均匀性、系统的抗堵塞能力及寿命影响很大，抗堵塞性能差的灌水器易堵塞迷宫流道，导致无法出水；生产工艺的好坏也决定了灌水器质量的好坏，质量差的滴灌带容易滋水、漏水。灌水器的好坏会影响作物的生长和产量，值得重视。

9. 滴灌技术在主要作物应用上的经济效益如何?

常规灌溉（沟灌）与滴灌主要作物单产情况见表1-1。

（1）棉花 一般滴灌棉花蕾花铃总数及结铃性等方面均优于沟灌棉花，平均多结铃1.6个，保苗率比沟灌棉花高8个百分点；滴灌棉花单铃重比沟灌棉花增加0.2克，籽棉单产比沟灌棉花增加51千克，增产17%。按照籽棉7元/千克计算，每亩产值增加超过350元。

（2）加工番茄 滴灌番茄长势明显优于常规灌溉番茄，每亩保苗株数增加200～300株，每株坐果数多5～10个，单果增重0.05千克，每亩产量为7.2～10吨，比常规灌溉产量增加1.4～1.9吨，增产25%～30%，每亩节水130米^3，节水率30%。按照0.2元/千克计算，每亩产值增加280元。

（3）哈密瓜 滴灌哈密瓜长势明显优于常规灌溉哈密瓜，每亩节水270米^{3}左右，节水率40%。每亩多收获180株，含糖度提高2%～3%，每亩产量提高0.7吨、其中商品瓜0.5吨，平均增产率30%～35%。按照哈密瓜平均单价1元/千克计算，每亩增收700元。

（4）辣椒 与常规灌溉辣椒相比，干辣椒的产量由原来350千克/亩增加到650千克/亩，增产85.71%，每亩收入为1 200元。广东湛江膜下滴灌辣椒每亩收入突破10 000元，新疆滴灌辣椒品质更好。

（5）甘蔗 广西滴灌甘蔗与传统种植甘蔗相比产量由每亩4.6吨增加到每亩7.5吨，每亩增加了2.9吨，增产63%，每亩增收

340 多元，每亩最高单产 10 吨以上。

(6) 烟草 黑龙江省大庆市膜下滴灌烟草平均节水 43%～45%，与常规种植相比增产 12.9%，烟草品质得到显著提高，每亩增收 240 多元。

(7) 大豆 内蒙古通辽市平均每亩单产 330 千克，节水率 40%，增产 30%以上，每亩增收 200 元左右。

表 1-1 常规灌溉（沟灌）与滴灌主要作物单产对比

地　区	作物	常规灌溉（沟灌）（千克/亩）	滴灌（千克/亩）	增产（%）
兵团第八师	棉花	350	411	17
兵团第八师	加工番茄	7 100	8 600	21
兵团十三师	哈密瓜	2 300	3 000	30
新疆安集海	辣椒	350	650	86
广西	甘蔗	4 600	7 500	63
黑龙江大庆市	烟草	171	193	13
内蒙古	大豆	230	330	43

10. 滴灌技术的社会、生态效益有哪些？

(1) 滴灌技术能大幅度提升农业生产效率 滴灌提高了作物对水、肥、药等生产要素的使用效率，同时还降低了土壤板结程度，减少了机耕作业量。

(2) 滴灌技术有利于生态环境的建设 农田节约出的灌溉水大量应用于饲草种植和荒漠植被的恢复，有利于环境保护。

(3) 滴灌技术为农业安全生产创造了条件 管网化的人工控制可以准确掌控水、肥、药的施用量，确保农业产品的安全生产。

(4) 滴灌技术能提高土地利用率 滴灌输配水管道全部埋入地面耕作层以下，田间没有渠道和田埂，提高现有农田土地利用率 5%～7%。

(5) 滴灌技术成倍地提高了劳动生产率 灌溉方式用“开阀

门、点鼠标、穿皮鞋”代替了“拿铁锹、提马灯、蹬胶鞋”的传统浇水方式，棉田管理定额从每人 25 亩提高到每人 80 亩。

(6) 滴灌技术能提高农作物抵抗风险能力　滴灌灌水的及时性、充分性，提高了作物出苗率、保苗率，植株茁壮，提高了作物抵抗“倒春寒”、春旱、伏旱、干热、倒伏等自然灾害的能力。滴灌微量、局部灌溉的特性不造成地面积水，破坏了各种有害病菌和杂草的生长条件，减轻了作物病害，提高了作物品质。

(7) 滴灌技术能提高农业生产可持续发展能力　滴灌在作物根系进行局部浸润式灌溉，不形成地面径流，因而不破坏土壤的团粒结构，不在耕作层内形成肥、药等成分的过量堆积，土壤不板结，不与地下的盐碱沟通，因此不造成土壤的退化和沙化。新疆生产建设兵团十多年滴灌的实践告诉我们，滴灌地越种产量越高。以往荒漠化农田的改良需要 3～5 年的时间，用滴灌技术改良沙化的农田，只要1～2年的时间即可。

(8) 带动了节水器材产业的发展和农业的社会化分工。

11. 现有滴灌技术和产品的标准有哪些？

我国的滴灌技术标准体系日趋完善，制定了与滴灌技术相关的国家标准、行业标准 22 个，涉及工程技术、管理、产品等滴灌系统的各个组成部分，还有些省份根据自身发展条件和发展目标制定了地方标准。

国家标准有 5 个，《农业灌溉设备　滴头和滴灌管　技术规范和试验方法》(GB/T 17187—2009)、《塑料节水灌溉器材　第 1 部分：单翼迷宫式滴灌带》(GB/T 19812. 1—2017)、《塑料节水灌溉器材　第 2 部分：压力补偿式滴头及滴灌管》(GB/T 19812. 2—2017)、《塑料节水灌溉器材　第 3 部分：内镶式滴灌管及滴灌带》(GB/T 19812. 3—2017) 和《塑料节水灌溉器材　第 5 部分：地埋式滴灌管》(GB/T 19812. 5—2019)。

行业标准有《太阳能光伏滴灌系统》(NB/T 32021—2014) 和

《一次性塑料滴灌带》（QB/T 2517—2001）等。

截至2019年，滴灌相关的地方标准约有120个，其中滴灌产品标准有2个，滴灌工程相关的标准有10个，产品检测方法1个，有30多种作物的滴灌栽培技术规程，主要有玉米（青贮玉米、鲜食玉米）、小麦、马铃薯、水稻（旱稻）、甜瓜、棉花、橡胶草、甘薯、糜子、胡萝卜、枸杞、加工番茄、西芹、花生、大豆、洋葱、向日葵、线辣椒、甜菜、山地烟草、籽瓜、糖料甘蔗、苹果、核桃、酿酒葡萄、成龄葡萄、苜蓿、肉苁蓉、日光温室西瓜（番茄、蔬菜、草莓）。新疆的地方标准目前为32个，其中滴灌工程等方面有5个，试验方法1个，其他均为各种作物的滴灌栽培技术规程。

12. 我国滴灌技术和产品的发展趋势和方向是怎样的？

注重高效、多功能、低能耗、环保、智能化是滴灌技术与产品发展的新趋势。新技术、新材料、新工艺在滴灌领域的研究与应用速度加快，产品的可靠性、配套性和先进性不断得到改进和完善，使滴灌产品和设备向标准化、系列化与通用化方向发展。

高效、多功能、低能耗是滴灌技术与产品的发展趋势。随着能源危机的加剧，国家将节约能源提到战略高度。开发高效、多功能、低压滴灌技术与产品，降低能源消耗，提高滴灌技术与设备的利用率将是滴灌技术与产品研发的一个重要趋势。

滴灌技术与系统的配套性、可靠性问题越来越受到重视。滴灌灌水器设计理论研究滞后，国内滴灌灌水器结构、水力性能、抗堵塞性能等与国外产品均有一定差距，成为与国外产品竞争的主要阻碍因素。滴灌系统的过滤器、注肥装置、控制调节装置、自动控制设备等配套设备存在技术水准较低、系列化程度差等问题。因此，提高国内滴灌系统理论与技术水平，增强设备可靠性、系统配套水平和专用零部件配套能力，从基础理论、应用技术、动力设备、提水与输水设备，到滴水、施肥设备等全面考虑，进行合理配套，促使滴灌技术健康稳步发展，以取得最佳综合效益，是今后滴灌技术与设备的发展趋势。

多功能轻小型滴灌系统具有良好的应用前景。我国人均耕地面积不到0.08公顷，农村土地实行家庭承包经营，地块分割细碎，土地经营规模较小、成片的土地因多户共同承包而被划得狭小而零星，农村经济也相对落后，电力、水源等基础设施配套差，农民家庭难以独立地对大规模基本建设进行投资。而多功能轻小型滴灌系统投资少，使用方便，机动灵活，不受田间电力、水源、地块规模等基础设施条件的限制，在中国及其他发展中国家的家庭式分散农业节水中具有良好的应用前景。

地下滴灌技术将成为研究热点。地下滴灌是在滴灌技术日益完善的基础上发展而成的一种新型高效节水灌溉技术，在延长毛管使用寿命、节省回收和铺设滴灌毛管劳动力等方面有着其他灌水技术无可比拟的优点。地下滴灌已成为近几年世界各国科学家研究的热点，并取得了一定的进展。但地下滴灌存在的堵塞问题、灌水均匀度测量与控制技术、系统故障诊断与维护技术、发芽期和苗期的灌水方法等问题还有待进一步研究。

滴灌技术对环境的影响已引起重视。滴灌不仅可以提高肥料和农药的使用效率，减少化学物质的施用量，有效防止地下水与地面水源污染，同时还可以利用污水（地下滴灌）或微咸水灌溉，在防止沙漠化、生态改良等方面具有重要作用。但随着膜下滴灌技术的快速发展及薄壁滴灌带使用量剧增，滴灌带与农用薄膜残留逐年增加，严重污染了环境。如何回收和再利用废旧滴灌带与塑料农膜，将是今后要解决的重要问题。

日益广泛地应用新技术、新材料与新工艺。新技术、新材料与新工艺的应用使滴灌技术水平不断提高，新产品开发速度加快，性能不断完善。新材料添加复合技术、纳米材料改性技术、过程控制和模拟技术、高精度快速成型及先进机械制造技术等不断应用于开发滴灌设备，不断提高信息化与智能化水平。随着全球现代科学技术的进步，信息技术、计算机智能控制技术、机电一体化技术、

3S技术、传感与检测技术等在滴灌技术中更为广泛地应用，进一步提高了滴灌技术装备的精确化、自动化、智能化水平。滴灌技术的安全性、舒适性和操作方便性，也将随着经济发展及人们生活水平的提高而进一步提高。

滴灌基础理论研究更加注重学科交叉与渗透。加强基础理论研究，注重交叉学科、边缘学科、新兴学科的相互渗透，进一步提高滴灌技术水平与产品性能，是滴灌理论研究的方向。流体动力学理论和计算机模拟技术、流场测量与显示技术、CFD-CAD、AM有机结合的设计理论与方法将成为今后滴灌产品研发的重点。

第二章

滴灌系统设备

13. 滴灌常用水泵的类型有哪些？水泵选型及配套动力有什么要求？

泵是一种流体机械，它把动力机的机械能或其他能源通过工作体的运动，传给被抽吸的流体，使流体的能量增加，以达到提升、输送、增压的目的。由于泵的主要用途是抽水，故通常称为水泵。滴灌常用的水泵有潜水泵、离心泵、深井泵、管道泵等，工作参数主要有流量、扬程、功率、效率、转速、允许吸上真空高度、口径、比转数等。

滴灌首部运行压力多在20～40兆帕，常用水泵类型应视水源类型和应用条件选择确定，且在设计扬程下流量应满足设计流量的要求，选用系列化、标准化程度高的产品和更新换代产品。一般来说，机井选用QJ型潜水电泵；地表水选用节能轻小型单级单吸直联式离心泵；当泵房占地面积较大、水源水位变幅不大时，可选用卧式泵；泵房占地面积较小、水源水位变幅较大时，可选用立式泵。离心泵工作原理示意图见图2-1。

与水泵配套的动力机主要有电动机、柴油机（或拖拉机的发动机）和汽油机等。通常，选择动力机时，除需要了解名称、型号、功率、效率、转速、电压等参数外，还应了解它与水泵的可能动力传递方式。电动机最便宜，柴油机居中，汽油机较贵，但电动机的附属电气设备投资较大，适于固定泵站；从运行费用看，汽油机最高，柴油机次之，电动机最低。一般情况下，柴油机的运行费用大

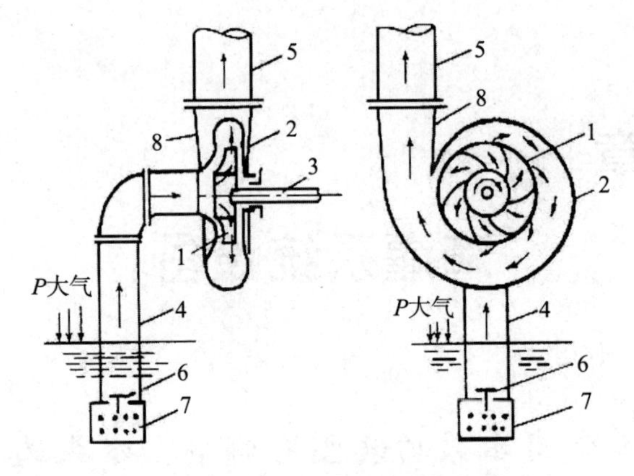

图 2-1　离心泵工作原理示意图
（刘竹溪，刘景植．水泵及水泵站）
1. 叶轮　2. 泵壳　3. 泵轴　4. 吸水管
5. 出水管　6. 底阀　7. 滤水网　8. 扩散锥管

约是电动机的 2 倍以上，汽油机大约是电动机的 4 倍以上。因此，动力机应根据实际条件和配套要求选用。电动机启动方便、操作简单、运转可靠、运行费用低，且易于实现自动化，在电线、电力具备的条件下，应尽量选用电动机。无电源时，优先选用柴油机；需要频繁移动时，应选择小型柴油机或汽油机；有风力、太阳能等自然能源的场合，可因地制宜选用。

采用电动机时，一般应根据水泵配套功率选大一级的开关，如电机功率 22 千瓦宜选控制开关容量 28 千瓦。变频控制开关，通过控制调节电机控制水泵的扬程与流量，在扬程和流量变幅较大时动态控制才能发挥出较好的节能效果，普通使用条件下未必节能，一般工况条件下选择软启动控制开关效果会更好。

14. 过滤设备都有哪些类型？根据滴灌技术要求怎么选择过滤设备？

滴灌常用过滤设备有离心过滤器、砂石过滤器、筛网过滤器、叠片过滤器和泵前过滤器等。过滤设备的选择，一般视水源水质情况和滴灌技术对水质的要求确定。一般来说，过滤系统须滤除大于灌水器最小流道直径 1/10 的颗粒，且浓度不大于 100 毫克/升。目前迷宫式滴灌带流道直径为 0.8～1.0 毫米，按流道直径 0.8 毫米则过滤器滤除 0.08 毫米以上粒径颗粒，考虑网丝直径等因素拟选配过滤精度 100 目* 的过滤器。

灌溉水中含有黏质藻类微生物等以选择砂石（介质）过滤器为主，含有沙颗粒以选择离心式除砂过滤器（圆柱桶径小于 30 厘米）为主，含有极细泥沙以选择离心式除泥过滤器（圆柱桶径小于 10 厘米）为主。清除泥沙时滤网不会损坏的网式、叠片式等过滤器可一级使用；当砂石（介质）过滤器中介质易出现短路电流、筛网丝易破损、启动或停止瞬间没有离心除泥沙的作用等，必须选择两级配合使用。末级过滤器的精度一般需要达到 100 目。

泵前过滤器由浮筒、柱形滤网、减速机、高压冲洗系统、集污槽、连接水泵的软管等组成。应用时，将泵前过滤器漂浮固定在水泵前沉淀池的清水池水面上，柱形滤网大部分浸于水中，清水通过滤网进入滤网柱体内，通过连接在水泵入口的软管流入系统。清水不断通过滤网流入，而杂质被隔离在柱体滤网外，形成循环过滤。在泵前过滤器过滤过程中，减速机同时运行，带动滤网低速旋转，使整个滤网能被充分利用，并使滤网外表面聚集的一部分污物由于滤网旋转和水流清洗而脱落，没脱落污物由高压冲洗系统从内至外进行冲洗，冲到集污槽排走。泵前过滤器安装示意图见图 2-2。

---

* 目为非法定计量单位，其中目是指每英寸筛网上的孔眼数目，1 英寸＝2.54 厘米。

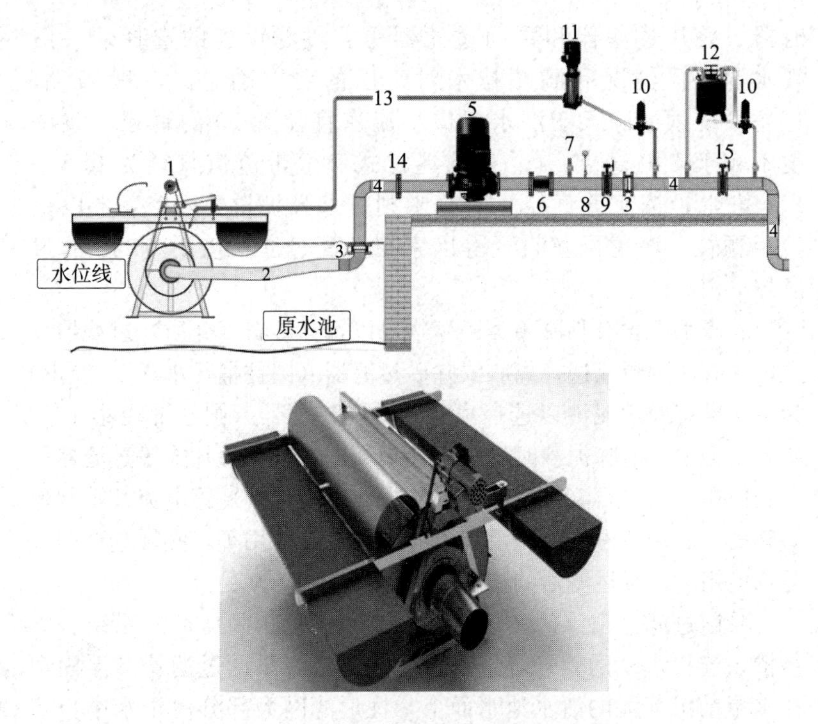

图 2-2　泵前过滤器安装示意图及实物

1. 泵前过滤器　2. 软管　3. 止回阀　4. 主管道　5. 离心泵　6. 软连接　7. 水泵引水接口　8. 压力表　9. 主控阀门　10. 过滤器　11. 高压冲洗泵　12. 施肥罐　13. 高压输水软管　14. 检修活接　15. 施肥压差调节阀

15. 首部附属设施沉淀池及蓄水池的作用有哪些？

（1）沉淀池的作用　沉淀池是应用沉淀作用降低、减少或去除水中悬浮物的一种构筑物。当滴灌水源采用地表水时，水中含有大量的藻类、水生物、漂浮物与悬浮泥沙，其含量大于过滤器的处理能力时，需借助沉淀池对灌溉水进行初级沉淀处理。沉淀池的主要目的是去除水中的大量泥沙，使处理后的灌溉水满足滴灌过滤器对悬浮泥沙含量的要求。

（2）蓄水池的作用　蓄水池是用人工材料修建、具有防渗作用的蓄水设施。蓄水池结构应便于进行水处理，防止水质污染，蓄水池和引渠宜加盖封闭。当水源在灌区之外时，蓄水池位置一般放于靠近水源的灌溉地块的边界。但水源位置相对灌溉地块较低时，加压方式有两种。

第一种，当灌区位置高于水源位置，高差小于 30 米，建议在水源处采用直接加压灌溉。

第二种，当灌溉条田位置比水源的高度高 40 米以上时，灌溉加压方式建议采用“水源输水-高位水池-自压灌溉”方式。

16. 常用施肥设备的种类有哪些？

常用的施肥设备有压差施肥罐、文丘里注入式施肥器或施肥泵、注射式施肥泵、敞口式施肥箱等。目前，大田滴灌采用敞口式施肥箱较多，施肥箱应做好防腐处理，设施农业一般采用文丘里注入式施肥器。几种常见施肥设备施肥原理简介及应用方式见表 2－1。

表 2－1　几种常见施肥设备施肥原理简介及应用方式

设备	压差施肥罐	文丘里注入式施肥器或施肥泵	敞口式施肥箱
原理简介	调节连接施肥罐进出口间主管道上的阀门开启度，使施肥罐进出口间形成压差，肥料溶液从罐中被压入系统与灌溉水混合	通过负压或外力将肥料溶液吸入系统中与灌溉水混合	将肥料溶解到施肥箱中，经加压泵吸入灌溉系统中与灌溉水混合
肥料形态	固体肥溶解或液态肥	固体肥溶解或液态肥	固体肥溶解或液态肥
施肥方式	总量控制	按比例均衡施肥	总量控制

（续）

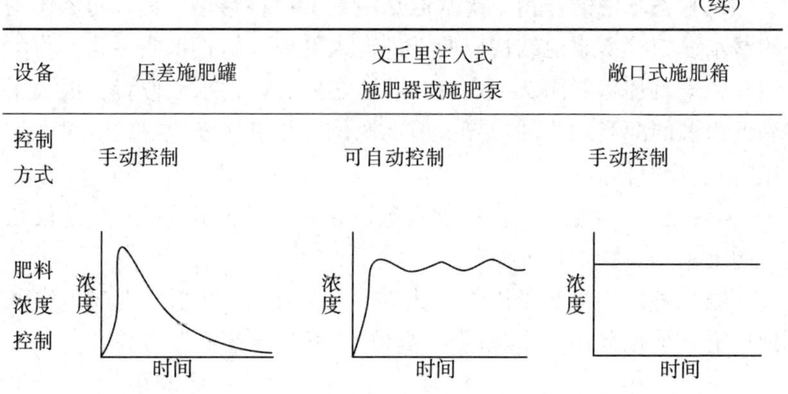

设备	压差施肥罐	文丘里注入式施肥器或施肥泵	敞口式施肥箱
控制方式	手动控制	可自动控制	手动控制
肥料浓度控制	浓度 时间	浓度 时间	浓度 时间

17. 输配水管道及其连接件的基本要求有哪些？

滴灌系统输配水管道包括干管、支管、毛管及其必要的流量压力调节设备。滴灌系统输配水管网大多采用塑料管，常用的有聚氯乙烯（PVC）管和聚乙烯（PE）管。聚氯乙烯管是用聚氯乙烯树脂、稳定剂、填充剂、润滑剂等按照一定比例混合挤出成型的一种管材，具有良好的承压能力，刚性好、安装方便、价格相对低廉，一般作为干管埋入冻土层以下。当地埋干管压力等级为0.63 兆帕及以上时，选用 PVC-M 管性价比更高。聚乙烯管：高压低密度聚乙烯管为半软管，韧性和抗老化性能好，对地形适应性强，作为支管一般置于地面；低压高密度聚乙烯管为硬管，某些滴灌工程干管也采用低压高密度聚乙烯管，其价格与 PVC 管相比较高。

滴灌系统选用管道及其连接件的基本要求如下。

(1) 能承受一定的压力 滴灌系统输配水管网为压力管网，各级管道必须能够承受设计工作压力，以确保安全输水和配水。因此，选用管道时一定要了解管道及其连接件的承压能力。

(2) 耐腐蚀和抗老化性能 滴灌滴头的出水孔很小，要求所用的管道与连接件应具有较强的耐腐蚀性能，以免在输水和配水过程中发生锈蚀、沉淀、微生物繁殖等堵塞滴头。管道及管件还应具有较强的抗老化性能，对塑料管与连接件则必须添加一定比例的炭黑，以提高抗老化性能。

（3）规格尺寸与公差必须符合技术标准　管径偏差与壁厚及其偏差应在技术标准允许范围内，管道内壁要光滑、平整、清洁以减少压力损失。管壁外观光滑、无凹陷、裂纹和气泡，连接件无飞边和毛刺。

（4）价格低廉　微灌管道及连接件在系统投资中所占比例大，应力求选择既满足微灌工程要求又价格便宜的管道及连接件。

（5）安装施工容易　各种连接件之间及连接件与管道之间的连接要简单、方便且不漏水。

18. 单翼迷宫式滴灌带有什么优点？亩用量是多少？

单翼迷宫式滴灌带是在单翼上带有一定间距的孔眼、流道呈迷宫型、盘卷压扁后呈带状的、流量随进水口压力变化的滴灌带。单翼迷宫式滴灌带的滴头与毛管一次成型，制造成本低，且滴孔流道是迷宫结构，水流呈紊流状态，抗堵性能好，是目前世界上管壁较薄、价格较低、大田滴灌使用广泛的一种滴灌灌水器。具有以下优点：滴灌带流道、滴孔、管道一次成型；迷宫流道较宽，且有多个进水口，具有较好的抗堵塞能力；选用优质PE材料，拉伸性能优良，便于铺设；重量轻，搬运、铺设回收方便。

滴灌条件下大田作物一般采用宽窄行种植模式，宽行距有利于行间的日常机械耕作、作物的通风和受光。滴灌带铺设于窄行中间，如玉米滴灌见图2－3，有利于水肥对作物根部集中供给，减少水肥用量，控制宽行间的杂草。宽窄行种植有利于提高种植密度和产量，同时可减少滴灌带的用量。表2－2为几种作物滴灌条件下常见的栽培模式和滴灌带用量。

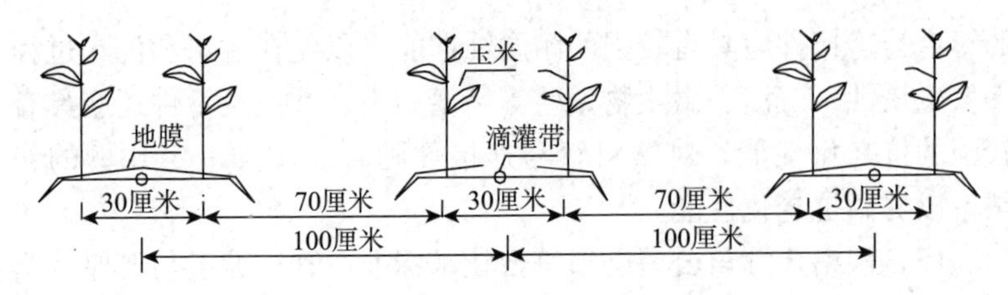

图2-3 玉米滴灌布置示意图

表2-2 几种作物滴灌栽培模式和滴灌带用量

作物种类	栽培模式（厘米）	毛管布置形式	毛管间距（厘米）	滴灌带亩用量（米）
棉花	10+66	一管2行	76	900
玉米	30+70	一管2行	100	700
番茄	50+70	一管2行	120	580
甜菜	30+60	一管2行	90	780
小麦	25+13+13+13+13+13	一管6行	90	780
打瓜	30+60	一管2行	90	780
线辣椒	30+60	一管2行	90	780
土豆	30+90	一管2行	120	580

19. 劣质滴灌带有哪些危害？怎么判断滴灌带优劣？

大田滴灌以单翼迷宫式滴灌带为主，滴灌带是滴灌系统核心产品，对滴灌系统运行效果起着决定性作用。

(1) 劣质滴灌带危害 劣质滴灌带在使用中，经常出现滋水、流量不均匀、裂带、爆管等现象（图2-4），劣质滴灌带无法保证农田正常灌溉，严重影响农作物生长和农民增收，危害主要表现及结果为“一费工，两不匀，三降低”。

①一费工。拉伸强度不够，播种铺设过程中滴灌带断裂，影响播种速度，增加铺设安装费用。

②两不匀。灌水不均匀，施肥不均匀。劣质滴灌带在应用过程

中，产生老化破裂或爆管，有的地方滴灌变淹灌，有的地方迷宫吸死或堵塞不出水，靠近支管的地方过量灌溉，两个支管中间的地方灌水不够，田间庄稼一片高、一片低，造成水肥浪费，平均亩用水量增加 20～30 米^3，长势不均又会对机械打顶、机械采收等造成影响，增加成本。

③三降低。产量低，以棉花为例，因水肥不均匀一般每亩籽棉减产 20 千克以上；运行压力低，劣质滴灌带往往承压能力差，容易爆管漏水，流道结构不优，滴头流量大，采用原有轮灌方案将造成低压运行，而低压运行直接后果就是整个系统的灌水均匀性大幅降低，不能充分发挥滴灌灌水均匀的优点；水泵运行效率低，低压运行还会造成水泵不在高效区运行，容易烧毁电机，增加维修费用。

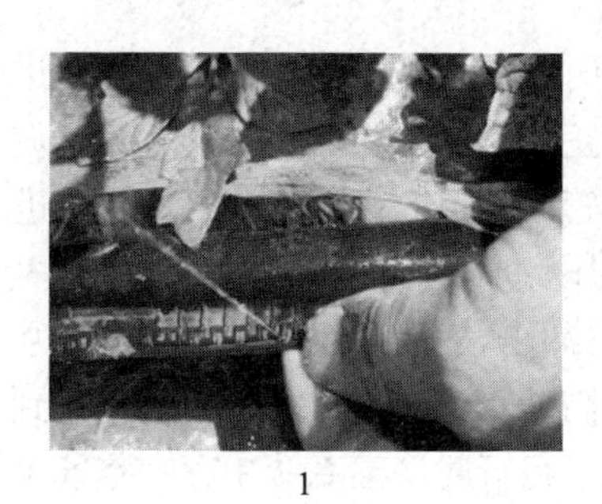

1

2

图 2-4 劣质滴灌带及其应用影响

1. 劣质滴灌带滋水 2. 灌水不均

（2）怎么判断滴灌带优劣 首先要查验滴灌带有无合格证和规格型号标签，再通过“外观看三点，指标验七项”选择出优质滴灌带。纳米高强滴灌带是目前较先进的新型单翼迷宫式滴灌带。

①外观看三点。一是看色泽，一般为黑色，均匀一致；二是看表面，光滑、平整，无气泡、挂料线、僵化块、杂质等；三是看迷宫流道，成型饱满，无变形。

②指标验七项。一是滴头流量，一般滴头流量以 1.8～2.6 升/时

为宜，滴头流量大反而会造成用水量大；二是滴头间距，一般 300～400 毫米为宜，低于 200 毫米间距的一般系统均匀性很难保证；三是流态指数，迷宫式滴灌带一般为 0.5～0.6，越小越好；四是流量均匀系数，流量均匀系数以小于 5%为宜；五是抗堵塞性能，抗堵塞性能主要取决于灌水器的流道结构、尺寸和流道内水流速度，锯齿形流道结构优于长城型迷宫流道；六是拉伸性能，拉伸性能往往和新料使用比例相关，新料越多拉伸性能越好，全部采用回收料的滴灌带一般拉伸性能都不合格；七是抗老化性能，抗老化性能是保证滴灌带正常使用的时间，主要是看是否添加了适量优质的炭黑和抗氧化剂。

20. 空气阀（进排气阀）有什么作用？怎么选择？

进排气阀是滴灌系统管道泄水时自动打开，使大气中的空气进入管道，管道充水和在有压情况下正常运行时将管道中的空气排放到大气中的阀门。在滴灌系统中，管网管道有高低，当管网开始进水时空气受水的排挤向管道高处挤压，形成气团阻碍水流过，到一定程度气团破裂对管道形成加大的冲击甚至破坏管道；停止供水时，管道中的水流向低处流动，在高处管道内形成真空，真空达到一定程度也会破坏管道。具体来说，运行时滴灌系统中存在空气可能造成如下危害：增加管道压力损失，产生水阻现象，严重时阻断水流；引发水锤，破坏管道或相关设备；引起流量计读数误差，偏离实际灌水量；引起水泵汽蚀现象。滴灌系统停止运行时，滴灌系统中缺少空气可能造成如下危害：泥土或其他杂质被吸入滴头，造成滴头堵塞；肥料等化学制品被吸入系统；负压破坏管道或其他装置。因此，管网管路高处宜安装进排气阀，保护管网和滴灌系统正常运行。

常见的空气阀有浮球式、杠杆式和气动式 3 种，灌溉系统中浮球式空气阀较为常用。浮球式空气阀主要由浮球、阀体和阀盖 3 部分组成，因浮球易被吹堵，一般小于 20 兆帕压力的管道较适合使用浮球式空气阀。滴灌系统要选择带排微量气体（防二次水击）功能的空气阀，并且在管网中多处安装，因为水中含有体积2%左右的溶解气体，在输水过程中要不断地释放出来，否则必然影响管道过水量。

21. 常用灌水器都有哪些？滴灌带（管）是不是管壁越厚越好？

常用滴灌灌水器按照安装方式可划分为单翼型滴灌带、内镶式滴头与滴灌带（管）、管上式滴头、箭形滴头、管间式滴头等。单翼型滴灌带的滴头与滴灌带一次成型，结构简单，价格低廉。内镶式滴头与滴灌带（管），是按照一定间距将滴头镶嵌在毛管内，与滴灌带（管）结合成整体，一般管壁厚度小于0.6毫米，不通水无内压时为扁平状称为滴灌带，管壁较厚、不通水无内压时呈管状为滴灌管。管上式滴头是指现场安装到滴灌带（管）上的滴头，可根据需要现场调整滴头间距。箭形滴头的外形似箭，简称滴箭。管间式滴头，是两端与滴灌带（管）连接的滴头。

滴灌带（管）壁厚的选择与实际的使用需求及成本有关。一般根据使用的年限进行选择，使用的年限越久，选择的管壁越厚。如果只使用一季，比如大田作物、蔬菜种植，或者是需要轮茬的作物如马铃薯等，使用薄壁滴灌带就完全能满足需求；而一些多年生作物如果树、酿酒葡萄等，可选择管壁较厚的滴灌管或管上式滴头及毛管，使用年限相对更长。

22. 大田滴灌用滴灌带的滴头间距越小越好吗？

大田滴灌时，水滴离开滴头进入土壤后，除了在重力作用下水分垂直向下运动，逐渐湿润深处的土壤外，还在土壤张力和土壤的基质势作用下作水平运动向四周扩散，逐渐润湿滴头所在位置附近的土壤，沿滴灌带（管）形成湿润带，只润湿部分土壤，作物行间保持干燥。在考虑滴水的均匀度时，滴头间距是一个重要指标，需要结合土壤质地和作物根系分布情况，选择合适的滴头间距，只要在合理的时间内灌溉、将作物主要根区湿润就可以认为达到了灌溉需求，并非滴头越密越好。

对于大田作物滴灌，滴头间距一般 30～40 厘米就完全可以满足灌溉要求，轻质土（如沙土）湿润带深而窄；重质土（如黏土）湿润带浅而宽。因此，黏土上可选用滴头间距较大的滴灌带；沙土上可选用滴头间距较小的滴灌带。

23. 什么是泄水阀、止回阀？

泄水阀是安装在管网系统最低处或某条管路的最低处的排水阀，它的作用有两个：一是排出管中沉淀的泥沙和杂物，二是冬季排空管中存水，防止水泵、闸阀、水表等冻裂。泄水阀用普通的闸阀或球阀。

止回阀又称逆止阀，其作用之一是在事故或正常停机时，防止管中水倒流而引起水泵倒转，防止水锤及水击现象对水泵产生危害，保护水泵机组的安全。另一个作用是在施肥和加药过程中防止水倒流而污染水源。

第三章

滴灌系统设计

24. 大田膜下滴灌规划设计遵循的设计原则及设计步骤有哪些？

（1）工程规划设计遵循要求

①工程设计应与规划一致。滴灌工程可行性研究报告批准之后，即应作为设计的依据。可行性研究阶段所确定的工程规模、投资规模、工程类型、主要设计参数、水源工程等主要内容在设计中应与可行性研究报告一致。

②工程设计应严格按《微灌工程技术规范》（GB/T 50485—2009）进行。

③工程设计必须紧密结合实际，追求低成本高效益。在保证工程质量的前提下，低成本、高效益并方便管理是必须坚持的重要原则。

④工程设计应达到满足施工需求的深度要求。

（2）滴灌工程规划设计步骤

①规划和设计。平原区灌溉面积大于100公顷、山丘区灌溉面积大于50公顷的节水灌溉工程，宜分为规划（项目建议书或可行性研究报告）、设计两个阶段进行。面积小的工程可合为一个阶段（设计）进行。规划阶段进行可行性研究，应编制可行性研究报告论证水源保证、工程规模和方案比选并进行典型设计。

②首部枢纽。

a. 滴灌系统首部枢纽通常与水源工程布置在一起，但若水源工程距灌区较远，也可单独布置在灌区附近或灌区中间，以便于操作和管理。

b. 当有多个可以利用的水源时，应根据水源的水量、水位、水质以及灌溉工程的用水要求进行综合考虑。通常在满足滴灌用水水量和水质要求的情况下，选择距灌区最近的水源，以便减少输水工程的投资。在平原地区利用井水作为灌溉水源时，应尽可能地将机井打在灌区中心，并在其上修建井房，内部安装水泵、施肥、过滤、压力流量控制和电气设备。

c. 首部枢纽及与其相连的蓄水和供水建筑物的位置应根据地形地质条件确定，必须有稳固的地质条件，并尽可能使输水距离最短。在需建沉淀池的灌区，可以与蓄水池结合修建。

③滴灌管网。

a. 滴灌管网应根据水源位置、地形、地块等情况分级，一般应由干管、支管和毛管三级组成。灌溉面积大的可增设总干管、分干管或分支管，面积小的也可只设支、毛管两级。

b. 管网布置应使管道总长度短，少穿越其他障碍物。输配水管道沿地势较高位置布置，支管垂直于作物种植行布置，毛管顺作物种植行布置。管道的纵剖面应力求平顺。移动式管道应根据作物种植方向、机耕等要求铺设，避免横穿道路。

c. 支管以上各级管道的首端宜设控制阀，在地埋管道的阀门处应设阀门井。在管道起伏的高处、顺坡管道上端阀门的下游、逆止阀的上游，均应设进、排气阀。在干、支管的末端应设冲洗排水阀。

d. 在管道末端、变坡、转弯、分岔和阀门处，应设固定墩。当地面坡度大于 20%或管径大于 65 毫米时，宜每隔一定距离增设固定墩。

e. 管道埋深应根据土壤冻层深度、地面荷载和机耕要求确定。干、支管埋设深度应不小于 50 厘米。

④总体布置平面图。

a. 总体布置平面图应在比例适当的地形图上绘制，建议比例尺：灌溉面积 333 公顷以下，宜采用 1/5 000～1/2 000；333 公顷以上，宜采用1/10 000～1/5 000。

b. 地形图上等高线、水系（河、湖、库、塘、井、渠等）、交通网（铁路、公路等）、电网、行政区（市、县、乡、村等）界等应显示清楚。

c. 图中应绘出项目区的边界线，水源工程、首部枢纽等主要建筑物，附属工程设施，供电线路和骨干输水管道、渠道等。

25. 山地丘陵滴灌规划设计要点有哪些？

（1）规划设计要点

①水源工程。水源工程主要有集水池、加压设备、过滤设备、施肥（药）设备、压力测量设备、流量测量设备、安全控制设备等。集水池应考虑水量供应、水池深度、沉淀、清淤、水泵正常吸水的要求。

a. 自压系统水源。当水源不在灌区范围内，且与项目地高程差超过50米时，一般采用“就水源位置修建水源工程”。

b. 加压灌溉。当灌区高程相对较高、水源高程低于灌区平均高程，采用加压方式将灌溉水抽至灌区高位蓄水池，利用灌区的地形高程进行自压灌溉，在高位水池附近修建系统泵房。

②管道布置要点。管网一般为树状管网；干管占据高点、高地、山脊有利地形进行控制；支管与分干相接垂直连接，与毛管垂直连接；毛管平行于等高线。这种布设方法可充分利用地形高程差，增加管道中水的势能，克服管道和滴灌器的阻力损失，达到节能、方便管理的目的。

（2）管网控制装置的设置要点　在设计时，要充分考虑系统运行时动水压、静水压、水锤、负压等给管网造成的危害。应在管网上设计保护装置，包括空气呼吸阀、减压阀、镇墩、排水阀及逆止阀等。

空气呼吸阀可有效防止管道运行中出现的负压，并及时排除管道中空气，减少管道气阻，应设置在管网的最高处和局部高处。减压阀可调节管道压力，保证管道压力在正常范围变化。减压阀应配合空气呼吸阀使用，安装位置应根据管道减压要求和地形要求确定。镇墩可预防地下管网受动水压力下振动破坏，有效防止管道脱落。在缓坡段每 50 米设一个镇墩，在管道三通、弯头处要加设镇墩。排水阀可解决管道冲洗排污和低温下地下管网受冻被破坏，排水阀一般设置在干管、支管末段。

搭配小技巧：截止阀＋空气呼吸阀组合使用效果最好；支管控制阀门或电磁阀的位置应该在轮灌小区位置高处；管网中电磁阀要和手动阀配合使用；分干管必须安装管道截止阀。

(3) 轮灌小区划分注意要点 山地滴灌轮灌小区划分是滴灌设计中重要的环节，其优化组合必须经过反复核算。要根据水泵扬程、流量关系，把高程差、承包种植在一定范围的区域划为一个轮灌区。轮灌小区划分时，应考虑如下因素。

①充分考虑“加压区＋自压区”地理位置，将加压区、自压区各自作为独立运行小区分开设置。

②充分考虑项目区条田分布、不同种植作物分区灌溉的要求，尽可能把同一条田、同一种作物放在一个轮灌小区进行灌溉。

③充分考虑农业灌溉习惯。

④充分考虑承包种植、施肥、管理等因素。

⑤各轮灌区设计流量尽可能一致，便于系统高效运行，方便轮灌。

⑥特别考虑项目区高程对轮灌运行的影响。

优质山地滴灌系统的绿化前后效果见图 3－1。

图 3－1 优质山地滴灌系统的绿化前后效果

26. 大田作物成熟的滴灌系统模式有哪些？

目前，在新疆大田作物滴灌技术推广中，根据水源种类、水源加压形式、田间输水管网的布置形式等，已经成熟应用的模式如下。

（1）按照水源种类分类

①井水滴灌系统模式。水源为以机井水为主的地下水，系统结构模式为机井—潜水泵—施肥罐＋过滤器（离心＋网式）—主干管—分干管—出地竖管—支管—滴灌带（管）。

②地表水滴灌系统模式。水源为水库、池塘、渠道来水等，系统结构模式为沉淀池—离心泵—施肥罐＋过滤器（砂石＋网式）—主干管—分干管—出地竖管—支管—滴灌带（管）。

（2）按照水源加压形式分类

①加压滴灌系统模式。包括地下水滴灌系统、地表水滴灌系统。

一般情况下，常见的滴灌系统（渠水、井水）都是加压滴灌系统，水源的水面高程都低于项目区基本高程。需要通过加压泵对灌溉水进行加压，灌溉水通过管道输水到作物根部进行灌溉。

②自压滴灌系统模式。在实际生产中，有以下几种情况可以考虑自压滴灌或者间接自压滴灌的形式。项目区灌溉水位于高于项目区高程50米以上的地方；有些项目，为了灌溉控制方便需要，先将较低位置的水加压至项目区高点的蓄水池，类似形成高位水塔（高于项目区高程50米以上）。

这种情形下，系统结构形式变成集水池—施肥罐＋过滤设备—主干管—分干管—出地竖管—支管—滴灌带（管）。

（3）按照田间输水管网的布置形式分类

①支管＋毛管模式系统。适应于同一条分管控制的范围条田中，土地承包模式集中或者种植作物统一，只需要根据统一的灌溉要求开启阀门进行水肥管理。安装和运行管理都方便。

②支管+辅管+毛管模式系统。适应于同一条分管控制的范围条田中，土地承包模式小块化或者种植作物多样化，需要根据承包模式或者种植作物的种类分开灌溉。在分区、不同作物的情形下也可以下设二级的控制阀门，进行水肥的精确、定向输送，以解决小块地进行滴灌的要求。但是，由于要考虑二级阀门启闭、作物多样性灌溉要求，水肥管理不好操控。

27. 山地林果（柑橘、茶叶、猕猴桃等）滴灌成功案例有哪些？

(1) 柑橘滴灌案例

①基本情况。本设计面积 537.5 亩，水源为河水。种植作物为柑橘，作物株行距 5 米×2 米。项目取水位置在项目区中部，在水源位置通过加压泵站为滴灌系统供水。

②系统设计技术方案。滴灌系统由取水加压泵站、系统首部枢纽（过滤+施肥+控制量测设备）、输配水管网（地埋+田间）、灌水器 4 部分组成。柑橘采用滴灌水肥一体化技术灌溉，每行作物根部铺设两条毛管，毛管采用内镶压力补偿式滴灌管，壁厚 0.6 毫米，滴头流量 2.0 升/时，滴头间距为 50 厘米。

③水肥一体化系统设计方案。

取水加压泵站取水位置在项目区西南近河岸边，在水源位置通过加压泵站为滴灌系统供水。加压水泵设计流量 Q=80 米^3/时，扬程 50 米，功率 30 千瓦。配套水泵控制电器 1 套。水泵采用一用一备方案，变频器采用一拖二启动控制方案。

在泵站附近建立滴灌首部管理房，管理房内配套加压水泵+过滤+施肥+控制量测设备。过滤设备采用天业节水自产砂石+叠片组合形式，作用是将水中的固体大颗粒、杂质等过滤，防止污物进入滴灌系统堵塞滴头或在管网中形成沉淀。过滤器流量 80 米^3/时，过滤目数 120 目，过滤器具有自动反冲洗的功能。设备工作时，砂石过滤器、网式过滤器组合前后压力差达到 0.2 兆帕，过滤器进行自动反冲洗。

施肥装置采用智能施肥机，作用是使肥料、农药、化控药品等在施肥罐内溶解后，通过滴灌管网输送到作物根部，充分发挥肥（药）效，减少肥料、农药浪费。根据情况需建设 2 个 5 米^{3}溶肥池。考虑到后期施肥管理方便，相应配套 2 套施肥机及配件。

测控装置的作用是方便系统的操作和运行管理，保证系统安全。测控装置包括流量控制阀门、水表、压力表、排气阀、逆止阀。

输配水管网包括主干管、分干管及连接管件。地下输水主管采用压力等级为 1 兆帕，管径为 160 毫米、125 毫米、110 毫米、90 毫米、63 毫米的 PVC-U 管组成。管道设计埋设深度为地表下 0.8 米左右。田间灌溉管网形式为“支管＋毛管”的结构。支管为 PE 硬管，外径 63 毫米，工作压力 0.6 兆帕，铺设于地面或浅埋地表下 30 厘米。

柑橘采用滴灌水肥一体化技术灌溉，每行作物根部铺设两条毛管，毛管采用内镶式压力补偿式滴灌管，壁厚 0.6 毫米，滴头流量 2.0 升/时，滴头间距为 50 厘米。过滤目数 120 目。

灌溉轮灌设计：轮灌时，轮灌小区每亩灌水量 1 米^3/时，轮灌时间 3 小时，每棵树灌水量 50 升。轮灌时每次开启阀门 2～3 个。也可根据天气情况适时、适量灌水。

（2）茶叶滴灌设计案例

①基本情况。

本设计面积 116 亩，种植作物为成龄茶树，水肥一体化设计方案采用滴灌方式。茶树沿山体坡度等高线布置水平方向的梯田种植面，种植面上茶树以宽窄行方式种植。宽行 1.5 米，窄行 0.3 米。

由于项目区呈丘陵地貌，落差大，根据实际调查了解到田间管理以人工浇水为主，地形位置较高处的茶树灌水无保证；项目区施肥方式为秋季深耕施肥，施肥量大，不能根据茶叶生产一年春季、夏季、秋季三季采茶需求进行水肥同步管理，不仅造成较大浪费，而且严重地影响了项目区黑茶的产量和品质；另外，由于人工灌溉、撒肥的管理方式，劳动量较多，用工较多，导致劳动力投入成本高。

在项目区进行黑茶种植的水肥一体化试验，根据黑茶春季、夏季、秋季三次采茶实际情况进行水肥一体化的试验和探索黑茶水肥一体化栽培、管理技术，可有效解决黑茶生产中灌水不均、肥料浪费、水肥不能同步、劳动量投入大等瓶颈问题。具有以下突出优点：增产明显，在现有基础上，每亩增产 20%～30%；提高茶叶品质，由于水肥同步，可提高黑茶作物的出茶率和品质；节肥、节药，节约肥料、农药投入 30%～50%；提高人工管理定额，每人管理 30～50 亩；节省人工投入成本，将现有人工管理人员减少 60%～70%，节省人工投入 60%～70%。

②水肥一体化方案。

本项目水源为山泉水，在项目区现有 50 米^{3}蓄水池（高程位置 H_0=125 米），在水池下游管道距离 200 米（高程位置 H_0=108 米）位置处设项目蓄水池，容积为 20 米^3，采用装配式蓄水池结构。

在项目山顶位置（高程位置 H_0=108 米）附近处设置滴灌水肥一体化系统首部管理房一座，面积 20 米^2。

在灌溉管理房内设滴灌水肥一体化加压、施肥、过滤及电器控制等设备。加压水泵流量 Q=30 米^3/时，H=30 米，功率 7.5 千瓦，变频控制柜功率 11 千瓦。

加压装置包括水泵和启动控制装置，功能是为项目加压区加压供水。过滤装置采用“砂石+叠片”组合过滤，过滤装置作用是将水中的固体大颗粒、杂质等过滤，防止这些污物进入滴灌系统堵塞滴头或在系统中形成沉淀。

施肥装置采用三通道简易施肥机+3 套容积为 500 升的施肥罐及配套设备，作用是使肥料、农药、化控药品等在施肥罐内溶解后，通过滴灌管网输送到作物根部，充分发挥肥（药）效，减少肥料（农药）浪费。

地下输配水管网包括主干管、分干管及连接管件。地下输水主管采用 1.25 兆帕，管径为 63 毫米的 PE 管。设计埋深地表下 0.5 米。

田间管网采用“支管＋毛管”的结构形式。其中支管选用管径 40 毫米的 PE 管，工作压力为 0.4 兆帕，支管可铺设在地表或浅埋地表下 30 厘米。

在每两行茶树根部中间铺设管径为 16 毫米内镶贴片式管一根，壁厚 0.4～0.6 毫米，滴头间距 0.3 米，滴头流量 2 升/时。

轮灌设计时，轮灌小区灌水时间设计为 4 小时，日灌水时间 12 小时，轮灌周期 3 天，一次开启阀门 3～4 个，适时、适量灌水。

项目试验数据可通过物联网、手机 App 进行实时检测和查看功能。

（3）猕猴桃微喷灌案例

①基本情况。项目区位于湖南省汨罗金山村，规划区面积 450 亩，净种植面积 372 亩。水源为水库水。种植作物为猕猴桃，作物株行距 4.5 米×4 米。

根据种植作物分布、系统规划以及管理要求，方案设计时，将项目区地块分为 3 个系统设计，系统一净面积 140 亩，系统二净面积 132 亩，系统三净面积 100 亩。灌溉方式采用倒挂微喷形式。

②方案说明。本项目水肥一体化方案设计说明如下：滴灌系统由取水加压泵站、系统首部枢纽（加压水泵＋过滤＋施肥＋控制量测设备）、输配水管网（地埋＋田间）、灌水器（倒挂微喷）四部分组成。

取水加压泵站取水位置在项目区西北水库位置处。在水源位置通过加压泵站为系统供水。系统二、系统三利用项目区现有地形扩建蓄水池，分别配套单独的加压泵站。系统一水源为主要水源，在工作时，其加压水泵首先满足为系统一项目区运行正常供水；其次，在灌溉季节作为系统二、系统三的补给泵站，为系统二、系统三蓄水池补水。系统一加压水泵设计流量 100 米^3/时，扬程 70 米；系统二、系统三加压水泵设计流量 40 米^3/时，扬程 60 米。

在蓄水池附近建立水肥一体化系统首部枢纽，配套“加压水泵＋过滤＋施肥＋控制量测设备”。过滤设备采用“砂石＋叠片”组合形式，作用是将水中的固体大颗粒、杂质等过滤，防止污物进入滴灌系统堵塞滴头或在管网中形成沉淀。过滤器组合冲洗采用自动反冲洗方式。每个系统施肥装置采用施肥机＋3 套容积为 1 000 升的施肥罐、配套搅拌器及连接设备的形式。作用是使肥料、农药、化控药品等在施肥罐内溶解后，通过滴灌管网输送到作物根部，充分发挥肥（药）效，减少肥料（农药）浪费。测控装置的作用是方便系统的操作和运行管理，保证系统安全。测控装置包括流量控制阀门、水表、压力表、排气阀、逆止阀。

③输配水管网。包括主干管、分干管及连接管件。地下输水主管采用 1 兆帕，管径为 160 毫米、管径为 125 毫米的 PE 管。设计埋深为地表下 0.5 米以下。田间灌溉管网形式为“支管＋毛管＋灌水器”的结构形式。支管为 PE 硬管，外径 63 毫米，工作压力 0.6 兆帕，铺设于地面或浅埋地面下 30 厘米。毛管设置：每行猕猴桃作物随行方向水泥柱上布置一根管径为 25 毫米的 PE 管，毛管壁厚 1.5 毫米，工作压力 0.4 兆帕。管径为 25 毫米的 PE 管采用悬空方式，铺设在支架上。灌水器设置：在两个猕猴桃中间安装一个倒挂微喷装置，工作压力 0.25 兆帕，工作流量 30 升/时，喷洒半径 3 米。

④轮灌方案。轮灌小区灌水时间 2～3 小时。整个项目区灌溉周期控制在 2 天。轮灌时也可根据作物生长、生产栽培需要适时适量灌溉和滴肥。

28. 自压滴灌技术特点及规划设计要点有哪些？

(1) 自压滴灌项目规划设计前提条件 项目区地形条件满足要

求，水源位置到灌溉区域存在40～80米的地形落差；水源来水稳定，水量满足滴灌要求；经济方面投入产出比客观，实施自压滴灌项目后，增产、增效、节支明显；实施滴灌技术后，能有效改善项目区灌溉条件，提高灌溉保证率。

（2）自压滴灌规划设计的要点 根据来水量进行水量平衡计算，按照《微灌工程技术规范》（GB/T 50485—2009）的相关公式确定灌溉面积的大小；根据灌溉水水质、灌溉要求确定上游高位水池（水塔）的容积和有效的过滤方式；严格按照微灌规范进行管道输水、管道压力平衡计算；确定管网、管道、管径配置；根据项目区落差、地质条件及输水管网的水力计算，从管道材质、施工方便、运行安全等方面比选合适的各级输配水管道；按照种植、轮灌习惯，保证滴灌系统正常、有序、安全运行，在管道上安装必要的测量设备、控制阀、安全保护部件、减压阀、空气阀等，常见部件包括各种阀门，如蝶阀、减压阀（压力调节阀）、减压水控计量阀（具有计量功能的压力调节阀）、空气阀（进排气阀）等；根据轮灌小区水量、水质、施肥、压力均衡要求，在轮灌小区分干管位置进口考虑设置第二级过滤装置、施肥装置、压力均衡装置；在考虑管道冲洗、冬季排水防冻需要的情况下，在管网局部或者分干管末端设置排水阀。

29. 支管铺设长度在设计时遵循的原则有哪些？

支管是灌水小区的重要组成部分，支管长短主要与田块形状、大小和灌水小区的设计有关。

灌水小区设计的理论分析证明，长毛管、短支管的滴灌系统比较经济，因此支管长度不宜过长，支管长度应在上述理论的指导下根据支管铺设方向的地块长度合理调整决定。

支管的间距取决于毛管的铺设长度，应尽可能加长毛管长度，以加大支管间距。

为了使各支管进口处的压力保持一致，应在进口处设置压力调节装置；或通过设计，在压力较高支管的进口采用适当加大压力损失的方法使各支管的工作压力保持一致。

支管布置在地面易老化、受损，特别是大田作物滴灌，支管方向与机耕作业方向垂直，地面布置对机耕作业的影响很大，塑料材质的支管在可能的情况下支管都应尽可能地埋入地下，并满足有关防冻和排水的要求。

布设于地面的支管应采用搬运轻便、装卸方便、工作可靠、不易损坏、使用寿命长的管材。

均匀坡双向毛管布置情况下，支管布设在能使上、下坡毛管上的最小压力相等的位置上。

30. 滴灌自动化技术的规划设计要点有哪些？

(1) 滴灌系统技术方案 滴灌系统由加压泵站、系统首部枢纽（过滤＋施肥＋控制量测设备）、输配水管网（地埋＋田间）、灌水器四部分组成。

①加压泵站。在水源位置通过加压泵站（取水建筑物、管理房）为滴灌系统供水。配套水泵设计流量、扬程及配套电器设备应满足系统工作要求。

②在管理房内配套“过滤＋施肥＋控制量测设备”。

a. 过滤设备采用“离心＋叠片”“砂石＋叠片”等组合形式，作用是将水中的固体大颗粒、杂质等过滤，防止污物进入滴灌系统堵塞滴头或在管网中形成沉淀。

b. 施肥装置采用施肥机＋3 套容积为 500～1 000 升的施肥罐。作用是使肥料、农药、化控药品等在施肥罐内溶解后，通过滴灌管网输送到作物根部，充分发挥肥（药）效，减少肥料浪费。

c. 测控装置的作用是方便系统的操作和运行管理，保证系统安全。测控装置包括流量控制阀门、水表、压力表、排气阀、逆止阀。

③输配水管网。包括主干管、分干管及连接管件。

a. 地下输水主管根据设计需要采用0.6～1兆帕的PVC-U管、PVC-M管或PE管，管径为250毫米、200毫米、160毫米、110毫米、90毫米、63毫米不等。根据项目需要，地下输水管道埋深在地表下0.8～1米。

b. 田间灌溉管网形式为“支管＋毛管”的结构形式。支管为PE软（硬）管，外径63～90毫米，工作压力0.4兆帕，铺设于地面或浅埋地下20厘米。

c. 林果类作物中采用稳流压力补偿式滴头，在每行果树旁铺设管径为16毫米的PE管一根，每棵树根部安装2个压力补偿式滴头，滴头流量10升/时，滴头位置距离树根部30～40厘米。

d. 大田条播作物，灌水器及末级管道采用滴灌带，根据设计要求铺设滴灌带，根据作物种植灌溉需求灌水。

④灌溉轮灌设计。按照灌溉种植及管理要求，设置轮灌方案。适时、适量灌水。

（2）自动化控制方案　自动化控制系统由以下7个子单元和1个滴灌水肥一体化自动控制管理平台组成。

①水源监测控制子单元。水源监测控制子单元能控制调解水泵自动开启、关闭、变频工作，该单元可采集水源水位、水量等数据，并将数据信息传输至控制中心，控制中心对水泵流量、电流、电压、功率、管道井、出口压力等数据进行采集、统计、分析，远程控制水泵启动、关闭。同时，控制中心能将水泵工况数据以及视频等信息通过宽带光纤网络远传到系统监控中心平台。

②过滤器自动反冲洗子单元。过滤器自动反冲洗子单元自动采集过滤器工况参数，能远传到控制中心，控制中心统计、分析及反馈数据后，控制过滤器自动反冲洗。该单元具备能将数据远程传输、集中到系统监控中心平台的功能。

③自动施肥子单元。自动施肥子单元能根据作物生育期肥料需求，自动按比例施肥。系统自动监测施肥罐中液位信息，出现无肥液状况，会自动停止运行，并发出警示。该单元能将施肥数据远程传输、集中到系统监控中心平台。

④田间灌溉自动控制子单元（N个电磁阀及N套阀控器配套设备）。按照轮灌要求，田间灌溉自动控制子单元的每个轮灌组阀门能远程启动、关闭，并能反馈工作状态。阀门电源采用太阳能方式，阀门控制通过无线方式实现。阀门开启和关闭操作通过三种方式实现即现场启动、远程无线控制开启、手机App开启。电磁阀出现故障时，可以手动开启和关闭。该单元能将灌溉数据远程传输、集中到系统监控中心平台。

⑤田间视频监控子单元。视频监控装置采用有线传输，具体数量根据观测要求确定。控制中心能对系统灌溉、作物长势、田间管理等进行实时监控，根据工作需要，可进行视频录像、照片抓拍，并能传输、集中收集数据到监控中心平台。

⑥田间土壤墒情监测子单元［数量为3套（1拖6）］。在项目区按照要求设置监测点，监测土壤不同深度的温度、湿度变化，检测EC值等，通过无线传输方式定时上报至监控中心。由平台软件分析、整理、反馈数据，最终形成专家决策意见，指导灌溉。

⑦气象监测子单元（数量为1套）。监测常规气象参数（空气温度、湿度、风速、风向、降水量、大气压、辐射、蒸发量等），气象数据资料由自动气象站通过无线传输方式上报至监控中心。通过自动气象站蒸发量与土壤水分耗损量等比较分析后，调整该地区的作物灌溉计划，进行高效、科学的灌溉管理。

⑧滴灌水肥一体化自动控制管理平台（数量为1套）。平台由硬件设备＋软件平台组成。硬件设备包括电脑操作平台、数据传输、网络支持、外部显示大屏等设备。软件设备包括首部控制中心系统集成软件及决策平台、远程监控软件及云平台服务器、手机App管理软件。

滴灌水肥一体化智能控制管理平台是系统管理运行平台，也是系统通信中枢、数据存储中心和运行操作调度中心。通过该平台的运行，实现对以上7个子单元的水肥一体化自动控制。通过宽带与外网，系统工作情况及所有数据能实现远程查看、监控。具体功能如下。

①首部控制中心系统集成软件及决策平台，能根据采集的土壤墒情数据，分析土壤含水量，绘制墒情趋势曲线图，为决策系统提供数据支持。并通过决策平台提供灌溉、施肥推荐方案，能在软件平台自动制订灌溉、施肥参考计划，平台能智能执行灌溉、施肥方案等。同时，决策平台能对采集的数据进行整理、归类、收集、分析。软件能按照日、月、季、年时间要求形成灌溉和施肥等水肥管理数据库；按照作物生育期栽培的要求，形成田间种植管理数据；能按照专家推荐方案，形成水肥一体化制动执行方案。通过2～3年的数据积累，形成大数据库，为田间灌溉、施肥、种植管理提供参考建议和方案。

②手机App可以看到每个轮灌组的实时状态及用水流量，如果某个轮灌组灌溉不充分可以通过手机控制系统灌溉、施肥，并适当调整。

③远程监控软件及云平台服务器可以实现以上①+②功能。

④软件平台根据用户管理权限要求，可以实现多用户、不同权限管理模式，进行数据查询及管理。

⑤软件平台能根据客户需要，与水务管理平台、农业管理平台实现对接。

第四章

滴灌系统安装

31. 拿到滴灌设计图纸后施工单位需要现场勘察哪些内容？

现场勘察的目的是确定工程设计图纸与项目区水源、地形地貌、种植作物、首部位置、管网布置是否相符。如存在不符的情况，应及时与设计部门协商，提出合理修改方案，并取得变更设计证明。主要复核以下要点。

①项目区地形、尺寸、种植作物、放线是否与图纸一致；

②项目区水源位置、电力参数、水源实际供水能力是否与设计一致；

③首部位置、方向是否与图纸相符；

④管线走向是否满足施工要求，管道经过公路、荒地、涵洞等是否合理；

⑤项目区内存在的房屋、渠道、高压线等建筑物是否影响工程施工；

⑥明确项目区范围内的电缆、光缆、输油管道等隐蔽建筑物的位置和长度是否与设计图纸一致。

32. 塑料管材、管件的运输、储存与堆放应注意哪些事项？

塑料管材质轻、管节较长，在搬运过程中，管材易受损伤、变形，管件不应散装运输。塑料管材忌划、硌、碰、冲击，管身在搬运过程中一旦出现划痕，将来管材投入运营、受力后，这些部位将是破坏的突发点。故在搬运、装卸时应轻起、轻放，不得使管材遭受剧烈撞击及尖锐物品的擦、划、触碰。更不允许抛、摔、滚、拖，烈日暴晒、寒冷地区或严冬气候尤其应注意。

存放管材、配件的地面应平整，不得散布有石块等尖硬物。为防止长期存放管材受热产生翘曲，不得露天存放，应在通风良好、温度不高于40℃的库房内且应远离热源存放，距热源不得小于1米。

黏结剂及丙酮等清洁剂均属易燃品，在运输、存放、使用时应远离火源，防止火灾；黏结剂的溶剂易燥结、挥发，应随存随用，用毕盖严，防止挥发、燥结。

橡胶圈储存、运输应符合下列要求：储存环境温度宜为－5～30℃，湿度不大于80％，存放位置不宜长期受紫外线光源照射，离热源距离不小于1米；橡胶圈不得与溶剂、易挥发物、油脂等放在一起；远离臭氧浓度高的环境；储存、运输中不得长期挤压。

33. 怎样根据蓄水池水位确定离心泵的安装高程？

吸水液位和水泵叶轮中心线之间的几何高度，加上吸水管路和管件的水力损失，就是水泵的实际安装高程。如果吸水液位比叶轮中心线高要取负值。NPSH为必须汽蚀余量，是确定水泵使用条件的汽蚀余量，一般水泵铭牌上有NPSH的数值，上面计算得到的数值必须小于这个数值。

34. 离心泵安装时注意哪些问题？

水泵基础应高出室内地坪0.1米以上。水泵准确放于按照图纸尺寸做好的基础上，然后穿地脚螺栓并带螺帽，底座下放置垫铁，以水平尺初步找平，地脚螺栓内灌混凝土，待混凝土凝固期满再进行精平拧紧地脚螺栓帽。离心泵安装采用柔性连接安装，安装时管路重量不应加在水泵上，应有各自的支承体，以免使泵变形影响运行性能和寿命。

进出水管一般为钢管，内部和管端应清洗干净，相互连接的法兰端面或轴心线应平行、对中。水管与泵连接后，不应再在其上进行焊接和气割。如需焊接或气割时，应拆下管路或采取必要的措施，防止焊渣进入泵内损坏水泵。进水管上应设有灌水阀，出水管上应装设阀门、止回阀和压力表。水泵进出水管上要安装曲挠橡胶接头减少管路的振动。

水泵轴线高于吸水面时，水泵吸水管需安装底阀，底阀为单向阀，压力损失大且吸水面积有限，需综合考虑选择合适的底阀。水泵安装高程应按设计要求施工安装，进水管尽量减少不必要的管道附件。

35. 管沟土方开挖、回填注意哪些问题？

对照施工图纸查清沿线的地上、地下障碍物，尤其是设计管线与电力、电信、光纤、供水、油气管道、煤气、排水等地下设施有交叉时，应提前与相关部门取得联系，开挖时确保已建设施不被损坏。必要时，挖试坑确认障碍物的具体位置，不得盲目开挖。

管沟土方采用挖掘机开挖，按照施工图纸检查挖土深度及其标高，生土、熟土要分别堆放。管沟应清除管槽底部石块及杂物，并一次整平。对于地下水位较高的地方，开挖后及时采取排水措施，避免塌方，影响施工。镇墩处、阀门井、排水井开挖宜与管槽开挖同时进行。

管道安装完成应在每节管的中段无接缝处覆土分段填压、固定，防止管道因热胀冷缩脱落，避免试压时管材在水流冲击作用下发生移动，造成连接处脱落。管槽回填必须待管道安装完毕，经冲洗、试压，检查合格后进行。

管道安装施工完毕经有关部门验收合格后，进行土方回填。用原土回填，生土在下，熟土在上，分层回填、分层夯实。回填必须在管道两侧同时进行，严禁单侧回填。回填前应清除槽内一切杂物，排除积水。回填时避免出现管底悬空现象，如有悬空必须人工填实。回填土不应有直径大于2.5厘米的碎石和直径大于5厘米的土块。管沟回填土应高出自然地面10厘米，作为自然沉降富余量，保证沉降后的顶面与自然地面平齐。

36. PVC管道安装前需要做哪些准备工作？

（1）管材的布设　根据制定的施工安装进度，计划每日安装工作量，安排人工、车辆，按设计图纸要求将正确规格的管材拉运到工地，并沿管沟布设。布管进度以管道安装进度为准，不影响管道安装进度。选用承插连接的管道时，还应注意每根管道布设的方向，管道扩口方向朝着水源方向。

（2）安装工具的准备　常用的工具有手锯、板锯、锯工、锯条、板锉、紧绳器、吊葫芦、吊装带、棉布、洗洁精等。手锯、板锯、锯工、锯条主要作用是切断PVC管道；锯条、板锉主要作用是打毛PVC管道需要胶黏的连接处；紧绳器、吊葫芦、吊装带主要用于PVC管道连接；棉布主要用于擦洗管道；洗洁精在管道承插时起润滑作用。

（3）管件组装连接　主干管与分干管连接处或管道与阀门、出地桩连接处，所用管件、阀门等最好提前组合连接。管道安装时可直接取用，保证安装质量和提高劳动效率。

37. 承插式和胶黏PVC管道应怎样安装？其管件连接安装应注意哪些问题？

（1）承插式PVC管道安装步骤

①安装前要对管材、管件、橡胶圈等进行外观检查，不得使用有问题的管材、管件、橡胶圈。

②清除承接口的污物，如图 4-1 所示。

③将橡胶圈正确安装在管道承接口的胶圈槽内（图 4-2），橡胶圈不得装反或扭曲。

图 4-1　清除承接口的污物

图 4-2　橡胶圈放置

④用塞尺顺承插口量好插入的长度，不同管径管道插入长度不同（图 4-3、表 4-1）。

⑤在插口上涂上润滑剂（洗洁精），如图 4-4 所示。

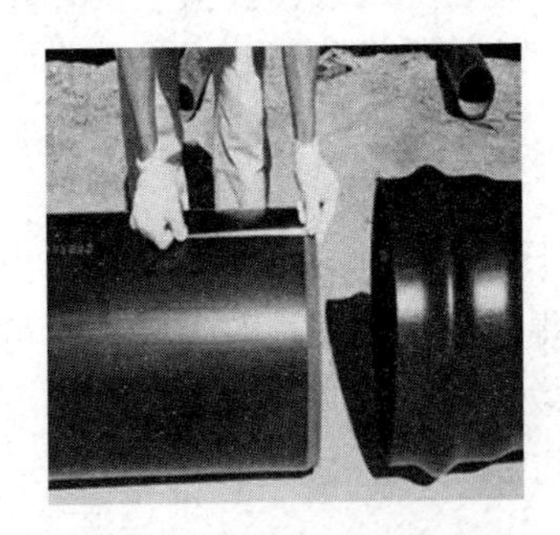

图 4-3　测量承插长度

图 4-4　涂抹润滑剂

表 4-1　管道接头最小插入长度（毫米）

公称外径	63	75	90	110	125	160	200	225	315
插入长度	64	67	70	75	78	86	94	100	113

⑥直径小于315毫米管道安装时，可三人合作抬起管道推动连接安装，如图4-5所示。当管径较大时需用紧绳器将管插口一次性插入，如图4-6所示。

⑦安装好后，用塞尺检查胶圈安装是否正常。

图4-5　人力推动连接安装

图4-6　采用紧绳器安装

(2) 承插式管道安装注意事项　不得在－5℃以下施工；两根管道承插连接要保证一次性承插到位，避免强行插接，防止橡胶圈扭曲；插入承口的管材端口倒角面平顺光滑，如有缺陷可用平板锉修整。两根管道连接完成后要用塞尺顺承口间隙插入，检查橡胶圈的安装是否扭曲；管道穿越公路时应设套管；管道安装和铺设中断时，应用编织袋将管口封堵，以防杂物或田间小动物进入安装好的管道。

(3) 胶黏的PVC管道及管件连接安装注意事项

①管道切割。用细齿锯将管道按要求长度垂直切开，用板锉将断口毛刺和毛边去掉，然后用锯条把需要黏接的表面打毛。

②接口清理。在涂抹胶黏剂之前，用干布将承插口外黏接表面的残屑、灰尘、水、油污擦净。

③胶黏剂涂抹。用毛刷将胶黏剂迅速均匀地涂抹在插口外表面和承口内表面。

④插入连接。将管道和管件的中心找准，迅速插入承口，左右旋转一次，以利于胶黏剂在管道内均匀分布，管道保持固定，以便

胶黏剂固化。

⑤保持固化。用布擦去管道表面多余的胶黏剂，连接完后，24 小时内避免向管道施加外力。

38. 出地管道安装步骤有哪些?

根据图纸确定出地管的位置。出地桩与地下干管可选用鞍座和三通连接，选用鞍座连接时，在干管上用打孔器垂直打孔，不得歪斜，打孔后的塑料片不得掉入管道中。用增接口连接时，特别注意胶垫不可忘装。选用三通连接时，在出地处切断地埋管道，黏接三通，使三通出地口垂直向上，不得歪斜。安装外丝、内丝和球阀时，必须缠绕密封带。出地桩伸出地面高度不能太高，不能使地面支管架空。

39. 热熔 PE 管怎样安装?

热熔连接原理是将两根 PE 管道的接合面紧贴在加热工具上加热，直至端面熔融，移走加热工具，将两个熔融的端面紧靠在一起，在压力作用下保持接头冷却，使之成为一个整体。

热熔连接工艺流程如下：检查管材并清理管端→紧固管材→铣刀铣削管端→检查管端错位和间隙→加热管材并观察最小卷边高度→管材熔接并冷却至规定时间→取出管材。在焊接过程中，操作人员应参照焊接工艺各项参数进行操作，必要时应根据天气、环境温度等对参数进行适当调整。

PE 管管径较小时可在管沟外焊接，然后安全放入管沟。管径较大时必须在管沟里安装 PE 管材、管件。田间 PE 管安装时常在管沟外热熔焊接好一段距离，接口冷却后，多人抬起放置在管沟中。这种方法施工速度较快，但要注意向管沟中放置管材时轻拿轻放。管道安装时弯转角度不宜过大，不要造成焊接处脱开或产生缝隙。

热熔焊接过程中易出现的质量问题及解决办法见表 4-2。

表 4-2　热熔焊接过程中易出现的质量问题及解决办法

序号	质量问题	产生原因	解决办法
1	焊道窄且高	熔融对接压力高、加热时间长、加热温度高	降低熔融对接压力，缩短加热时间，降低加热板温度
2	焊道太低	熔融对接压力低、加热时间短、加热温度低	提高熔融对接压力及加热板温度，延长加热时间
3	焊道两边不一样高	①两管材的加热时间和加热温度不同；②两管材的材质不一样，熔融温度不同，使两管材端面的熔融程度不一样；③两管材对中不好，发生偏移，使两管材熔融对接前就有误差	①加热板两边的温度相同；②选用同一批或同一牌号的材料；③设备的两个夹具的中心线重合，切削后使管材对中
4	焊道中间有深沟	熔融对接时熔料温度太低，切换时间太长	检查加热板的温度，提高操作速度，尽量减少切换时间
5	接口严重错位	熔融对接前两管材对中不好，错位严重	严格控制两管材的偏移量，管材加热和对接前一定要进行对中检查
6	局部不卷边、外卷内不卷或内卷外不卷	①铣刀片松动，造成管端铣削不平整，两管对齐后局部缝隙过大；②加压加热的时间不够；③加热板表面不平整，造成管材局部没有加热	①调整设备处于完好状态，管材切削后局部缝隙应达到要求；②适当延长加压加热的时间，直到最小的卷边高度达到要求；③调整加热板至平整使加热均匀
7	假焊、焊接处脱开	①熔融对接压力过大，将两管材之间的熔融料挤走；②加热温度高或加热时间长，造成熔融料过热分解	①降低熔融对接压力；②降低加热温度、减少加热时间

40. 滴灌工程阀门及阀门井安装要求有哪些？

滴灌工程田间的阀门一般采用手动操作的蝶阀。骨干输水管网的阀门为闸阀，当直径较大时可采用电动操作。阀门应开启灵活、关闭严密，阀门一般采用法兰连接安装。滴灌工程的阀门应安装在阀门井内，阀门井的尺寸应满足操作阀门及拆装阀门所需的最小尺寸。滴灌工程常用预制成品的塑料及玻璃钢阀门井，也有现场砌筑的砖混阀门井。根据地质与土壤状况阀门井底部应铺设渗水垫层，有利于水的下渗。

滴灌工程排水阀一般设置在每条管道的末端和低洼处，以便排除管道沉积物和放空管道。如条件允许，可直接排水到河道及排盐碱区渠道内。

滴灌工程各级地埋管道为压力管道，应根据设计在管道隆起点上安装进排气阀，以利于管道进水时排出其内气体，管道停止运行时及时使气体进入管道，避免产生负压。

进排气阀必须按照设计的位置、设计尺寸垂直向上安装。要定期检修养护，尤其是选用浮球密封气嘴的进排气阀，长期受压条件下易使浮球顶托气嘴过紧，影响浮球下落。管道的进排气阀需设置在井内。

41. 地面支管（软带）安装及注意事项有哪些？

支管在铺设时不宜铺得过紧，应使其呈自由弯曲状态。支管连接或在其上打孔时，最好在早晨或午后进行。

将支管进口断面剪切平齐，钢卡套在薄壁支管外，将薄壁支管承插到带有矩形止水胶圈的承插直通的承插口端，对准止水胶圈卡紧钢卡。

42. 滴灌带的铺设及安装要求有哪些？

（1）滴灌带铺设不要太紧，地头留有 1 米的富余量，便于自由伸缩。滴灌带铺设过紧会造成安装困难。

（2）单翼迷宫式滴灌带铺设时，应使迷宫面也就是流道凸起面向上。

（3）滴灌带铺设装置进入工作状态后，严禁倒退。

（4）在铺设过程中，滴灌带断开位置及时做好标记，并将断头打结，以便于用直通连接，也可以避免沙子和其他杂物进入。

（5）铺设过程中滴灌带后跟随一人，随时检查铺设质量，发现有铺反、滴灌带打折等问题及时解决。

（6）滴灌带与按扣三通、旁通连接的管端应剪成平口，严禁滴灌带与按扣三通连接时打折，打折会影响水流输送。

（7）滴灌带连接应紧固、密封。田间两支管间滴灌带按照设计要求距离应扎紧或打结，地头末端应封堵，以阻断水流。

43. 首部管理房如何布设施工？

滴灌灌溉水源分为井水和河水，不同水源首部过滤装置、施肥装置不同，管理房结构、面积也不同。

井水滴灌系统管理房面积一般为20米^{2}左右，房内设隔墙分为设备间和休息间，设备间面积大于休息间。过滤器、施肥罐等设备布设在设备间中央，设备与管理房四周墙壁留有1米左右距离作为操作通道。启动柜、配电柜要与水泵、过滤器等分开布设在休息间。设备间、休息间应有窗户，管理房设备间地坪为抗震、抗压的混凝土地坪。管理房应布设在距离水井几米处，通过管道与设备间过滤器连接。

河水滴灌系统管理房面积一般为30米^{2}左右。当灌溉面积较大、首部设备较多时，可增加管理房面积。如两个滴灌系统首部共用一个管理房，设备间面积应增大到可容纳两个系统的设备。管理房布设在距离沉淀池2～3米处，也分为设备间和休息间，水泵、过滤器、施肥罐等设备布设在设备间内。一般河水滴灌系统管理房地坪高程要高于引水渠渠顶高程和沉淀池池顶高程。泵房基础与水泵、过滤器等设备基础分开，设备运行时的振动不至于影响到整个泵房。

管理房按建筑材料分为砖混结构房、彩钢房、砖混墙彩钢顶房等。

44. 沉淀池施工要求有哪些?

滴灌工程沉淀池常采用长、窄、浅结构的梯形沉淀池。根据系统所需水量，沉淀池长度一般控制在 45～60 米，深度控制在 1.7～2.0 米，池内修建挡水墙，减缓水的流速便于泥沙沉降。沉淀池应平顺地与上游渠道连接，通过进水闸调节水量。依照图纸按如下步骤施工。

(1) 施工放样、基坑开挖 定出清基边线，做出明显标识；清除开挖断面和填筑范围内树根、盐碱土、淤积腐殖土、污物及其他杂物；清基面必须平整。清基及基础处理满足要求后进行施工放样，详细准确地放出沉淀池的开口轮廓和开挖断面。在开挖过程中应严格控制开挖线的精度，将沉淀池的底宽和上口宽边线放出，根据挖方余土断面和填方缺土断面合理调配土方，严禁超挖和补坡，并预留 30 厘米左右的保护层采用人工开挖，避免机械开挖扰动基础的原状土。

(2) 沙砾石垫层施工 沙砾料层的厚度和材料级配以设计文件要求为准。沙砾料铺填先进行渠底铺填，采用反铲挖掘机或其他方式向指定位置布料，人工辅助摊铺，过程中发现欠料处及时填补。用挖掘机自带的平板夯夯实，夯实后采用灌沙法取样做相对密度检验。

(3) 铺防渗土工膜 铺设土工膜前先检查其外观质量，不得有沙眼、疵点等质量缺陷。尽量选用大尺寸土工膜以减少接缝数量，从而保证防渗质量。

土工膜沿渠道横向铺设，搭接处上游块土工膜压下游块土工膜，边缘部位压紧固定。完成后留足搭接长度进行裁剪，弯曲处要特别注意裁剪尺寸，保证准确无误。铺设平顺，留有足够余幅，松紧适度，以便适应变形与气温变化；同时不能过松，以免形成褶皱。土工膜的搭接长度不小于 10 厘米，为保证防水质量，尽量减少搭接次数；有幅间横缝时，错开不小于50厘米，避免形成十字缝。铺设时确保土工膜不损坏，如有损坏，立即修补。

土工膜连接采用热熔法双焊缝焊接。在焊接前先进行焊接试验，以确定焊接的焊机温度、行走速度等参数。焊接完成并检验合格后，利用手持缝纫机进行土工膜的缝合。土工膜连接也可以采用搭接方式。

土工膜铺好后，严格避免日光照射，铺设好后立刻进行膜上材料铺设；施工现场禁止吸烟、电气焊等，不得将火种带入仓面；施工人员禁止穿带钉鞋作业；严禁在土工膜上卸放商品混凝土护坡块体、打孔、敲打石料和引起土工膜损坏的施工。

(4) 混凝土浇筑

①模板选型与选材。模板及其支架应根据结构形式、施工工艺、设备和材料供应等条件进行选型和选材，模板及其支架的强度、刚度及稳定性应满足设计要求。在浇筑混凝土前，应将模板内部清扫干净，经检验合格后才可浇筑。拆模时，应先拆内模。模板一般采用可以重复使用的方钢，长度根据设计要求中每块混凝土板的长和宽确定。

②混凝土布料。按照设计要求的抗压、抗渗、抗冻等级拌制混凝土，拌制好后及时拉运到施工现场。卸料时，尽量降低商品混凝土下落高度，防止骨料分离，现浇混凝土沉淀池施工应先池底后池坡。

③振捣、抹面压光。布料完毕后及时进行振捣，仓面内出现局部露石、蜂窝时，立即挖除或填补原浆混凝土重新振捣。振捣完毕后，进行粗抹面，以表面平整、出浆为宜，粗抹进行两遍；终凝前人工压光，外观要平整、光洁、无抹痕。

④养护。混凝土压光出面6～18小时后喷洒养护剂，并覆盖草帘或土工布洒水保湿，养护时间不少于28天。低温季节采取保温措施养护，干热多风天气施工，初凝前应不间断地喷雾养护。

⑤伸缩缝施工。伸缩缝宽一般为2厘米，在支模及混凝土施工过程中应提前将高压闭孔板放入伸缩缝中，伸缩缝顶部用聚氨酯勾缝。

第五章

滴灌系统运行管理

45. 滴灌系统中造成低压运行的主要原因有什么？怎么解决？

滴灌系统中低压运行产生的原因：①没有严格按照轮灌方案运行；②支管球阀一次开得过多；③首部水泵出水量不够；④管内泥沙沉积过多；⑤各分干管的蝶阀关闭不严。

解决方法：①严格按设计轮灌组轮灌；②关闭多开启的球阀；③调整水泵流量到设计流量；④及时冲洗清理管网；⑤检查分干管阀门并关闭多余阀门。

46. 滴灌系统管网安装完毕回填前需要先进行试压运行，试压时应该注意什么？

试压前，关闭管道所有开口部分的阀门，利用控制阀门逐段试压。试验压力可取管道设计压力，即水泵正常运行时的最大扬程，保压时间为 2 小时。随时观察管道的管壁、管件、阀门等处，如发现漏水、渗水、破裂、脱落等现象，应做好记录并及时处理；如果漏水严重，必须重新安装，处理后再进行试运行，直到合格为止。

47. 离心泵不出水或水压不足，可能产生的原因及排除方法是什么？

离心泵不出水或者水压不足可能产生的原因有六方面：①进出口阀门未打开，进出口管路堵塞，流道叶轮堵塞；②电动机运行方向错误，电动机缺相，转速很慢；③吸入管漏气；④泵没灌满水，泵腔内有空气；⑤进出口流量偏小，吸程过高，底阀漏水；⑥管路阻力过大，泵型不当。

针对产生的原因，具体排除方法：①检查、除去堵塞物；②调整电动机运行方向，紧固电动机接线；③拧紧密封面，排除漏气；④打开泵上盖或打开排气阀，排尽空气；⑤停机检查，调整；⑥减少管路弯道，重新选泵。

48. 离心泵在系统使用过程中，超负荷运行产生的原因及排除方法是什么？

离心泵在工作中，超负荷运行可能产生的原因：超过额定流量使用，吸程过高，泵轴承磨损。

排除方法：调节流量、关小出口阀门，降低吸程，更换轴承。

49. 如何清洗及维护砂石过滤器的介质？

视水质情况应对介质每年进行 1～6 次彻底清洗；对于因有机物和藻类产生的堵塞，应按一定比例在水中加入氯或酸，浸泡过滤器 24 小时，然后反冲洗直到放出清水，排空备用；检查过滤器内石英砂的厚度，若由于冲洗使石英砂减少，则需补充相应粒径的石英砂；确定是否有石英砂的结块或有其他问题，如有结块和黏着的污物应予以清除，必要时可取出全部砂石式过滤层，彻底冲洗后再重新逐层放入滤罐内。

50. 压差式施肥罐施肥操作时，压力差应该控制在什么范围合适？

滴灌施肥时，先开施肥罐出水阀，再打开施肥罐进水阀，稍后缓慢关闭两球阀之间的闸阀，使其前后压力差约 0.05 兆帕，通过增加的压力差将罐中的肥料带入系统管网中。

51. 滴灌系统蓄水池应如何进行日常维护与保养？

为了防止由于蓄水池的不合理使用，影响滴灌系统的正常运行，对蓄水池要进行以下的日常维护保养：①定期对蓄水池内泥沙等沉积物进行清洗排除；②在灌溉季节应定期向池中投入硫酸铜，使水中的硫酸铜浓度达到 0.1～1.0 毫克/升，防止藻类滋生。

52. 滴灌系统运行出现毛管滴头流量不均匀的原因是什么？如何解决？

滴灌系统中出现毛管滴水不均匀，一般原因是：系统压力过小；水质不合要求，泥沙过大，毛管堵塞；毛管过长，管道漏水。

排除方法：调整系统压力；滴水前或结束时冲洗管网；冲洗管网，排除堵塞杂质，分段检查，更新管道或重新布置管道。

53. 滴灌系统的毛管漏水，可能产生的原因及排除方法是什么？

可能产生的原因：毛管质量有问题，存在沙眼；播种机张力大，因机械原因造成迷宫磨损变形；放苗、除草时损伤毛管。

排除方法：酌情更换有质量问题的部分毛管；检查播种机的导向轮及滴灌带穿过的地方是否有毛刺，若有应进行打磨；田间管理时注意保护毛管，避免损伤。

54. 什么是滴灌带灼伤？如何避免或减少滴灌带的灼伤？

滴灌带的灼伤是使用中容易出现的问题。滴灌带上的“破洞”可以确定是由于高温而导致的塑料熔穿，产生高温的原因是薄膜内侧水气凝结成珠，在阳光照射及一定角度和高度下产生了聚焦作用，经聚焦的阳光所产生的高温使滴灌带熔融而产生局部熔穿（即“太阳灼伤”）现象。滴灌带灼伤的典型特征是破洞集中在滴灌带上面部分，其周围有熔融唇边。

避免或者减低灼伤的办法：①在整地时，将土壤旋耕得足够细，避免土坷垃将地膜撑起；②根据当地杂草种类，在播种前选择使用合适的除草剂，避免膜下的小草将地膜撑起；③播种后在滴灌带上方每隔 1 米远分段压土，使地膜紧贴地面，防止地膜与滴灌带直接产生距离；④采用滴灌带浅埋技术，将滴灌带浅埋在膜下 5 厘米左右；⑤在作物植株高度的阴影无法遮住滴灌带，天气晴朗且日照强烈、气温较高时，发现膜内出现水珠要及时拍打，使膜内水珠脱落；⑥系统运行结束后在滴灌带内留存一些水分，进行少量多次灌溉；⑦滴灌带上方采用带深色条的地膜覆盖；⑧改进生产工艺，生产熔点较高的滴灌带。

55. 为了保证滴灌系统正常运行，滴灌系统管网日常维护与保养怎么做？

定期冲洗管道，支管应根据供水质量情况进行冲洗；灌溉水质较差的情况下，要经常进行冲洗毛管，一般至少每月打开尾端的堵头，在正常工作压力下彻底冲洗一次，以减少滴灌带的堵塞。

56. 在使用滴灌灌水时，如果地面有积水可能产生的原因及排除方法是什么？

可能产生的原因：毛管或管件部分漏水；毛管流量选择与土质不匹配。

排除方法：检查管网，更换受损部件；根据土壤质地，选择合理滴灌带流量；缩短灌水持续时间。

57. 入冬前，如何把滴灌系统田间管网管道里的水排尽？

入冬前需对整个滴灌系统进行清洗，打开不少于正常轮灌组阀门，开启水泵，依次打开主管和支管的末端堵头，将管道内积攒的污物冲洗出去，然后装回堵头，将毛管弯折封闭。北方用户需注意，在冬季来临前，为防止冬季低温冻坏管道，应及时进行以下处理。

（1）田间阀门 把田间位于主支管道上的排水底阀（小球阀）打开，将管道内的水尽量排尽，将各级阀门的手动开关置于开的位置，冬季不必关闭。

（2）多年用滴灌带（管） 在田间将各条滴灌管线拉直，勿使其扭折，若冬季回收也注意勿使其扭曲放置。

（3）回收阀 应将所有球阀拆下晾干后放入库房或置于半开位置（包括过滤器上的球阀），防止阀门被冻裂。

（4）采用空压机用气体把水排出 利用空压机排水的步骤如下。①关闭整个系统所有阀门，包括出地桩阀门，通过分干管进行排水。②在其中一道分干管的第一个出地桩上连接空压机，打开排水阀，通过空压机送入的空气压缩管道里面的积水使其从排水井排出，直到排水口排出空气为止，该条管道排水结束。③主干管排水时，关闭过滤器出口阀门，将空压机连接在过滤器阀门后的施肥阀上，关闭分干管阀门只留最后一道分干管，打开该道分干管排水阀，通过空压机送入的空气压缩管道里面的积水使其从排水井排出，直到排水口排出空气为止，管道排水结束。

58. 在灌水季节结束后，滴灌系统施肥罐如何进行维护、保管？

①仔细清洗罐内残液并晾干，清洗软管并置于罐体内保存。

②在施肥罐的顶盖及手柄螺纹处涂上防锈油，若罐体表面的金属镀层有损坏，则清锈后重新喷涂。

③注意不要丢失各个连接部件。

第六章

水肥一体化

59. 滴灌水肥一体化技术为什么称为现代农业“一号技术”？

水肥一体化技术即把灌溉与施肥融为一体，也就是通过灌溉系统施肥，使作物在吸收水分的同时吸收养分。在正（负）压力作用下，使肥料溶液进入灌溉输水管道同灌溉水一起运输到田间作物的根部。肥料溶解后进入土壤溶液，靠近根表的养分被吸收，浓度降低，远离根表的土壤溶液浓度相对较高，产生扩散，养分向低浓度的根表移动，最后被作物的根系吸收。这种施肥方式有利于防止肥料淋溶至地下水而污染水体，从而有利于实现标准化栽培；滴灌施肥方便、精确，显著提高肥料利用率。与常规施肥相比，施用水溶肥可以节水 40%，肥料利用率提高 20%，土壤病害可以减少 30%；同时，还可以滴入农药等液体，不仅对土壤害虫、线虫、根部病害有较好的防治作用，还能减少常规农药使用量，有利于生态环境保护，显著地增加产量和提高品质；此项技术可利用边际土壤如沙地、高山陡坡地、轻度盐碱地等种植作物，发展前景非常广阔。

现在农业的主要问题是农村劳动力减少，年轻人不愿意种地，农业播种和收获基本实现了机械化，施肥和浇水是田间管理依赖人力的繁重工作。水肥一体化技术使施肥时间和施肥量容易控制，施肥速度加快，千亩面积的施肥可以在一天内完成，大量节省施肥劳力。水肥一体化已经成为大面积种植不可缺少的一项技术。

60. 水肥一体化技术在南方和北方应用的重点一样吗？

在南北方水肥一体化技术的应用中，南方侧重水肥一体化的施肥作用，北方水肥一体化则是节水和施肥并重。

南方降水量多是毋庸置疑的，但是年际降水量分布不均匀，季节性缺水很严重。春旱时有发生，西南五省每几年一次大旱，刚好是作物播种后生育期生长的关键时期，所以在这种情况下，利用滴灌系统防旱十分重要。

北方地区降水量少，降水量的年际变化大，多在 400～800 毫米，而且季节分配不均匀，降水集中在夏季的 7 月和 8 月，而每年的春季少雨，常有干旱（春旱严重）。西北地区地处内陆，降水稀少，终年干旱，除东部个别地区和一些高山年降水量超过 400 毫米以外，其余地区年降水量均低于 400 毫米，大部分地区不足 200 毫米，西北地区没有灌溉就没有农业，在山前水源充足的地方，形成了西北地区特有的绿洲农业。

水肥一体化工程不仅是水肥的管控，还涉及防洪、打药、除尘、降温、防霜冻、病虫害检测、农产品溯源等方面。不仅保证了作物的产量，还提高了茶叶游离氨基酸、柑橘甜度等多种指标，带来的附加收益是巨大的。因此，水肥一体化技术是农业生产的重要措施和手段。

61. 如何正确选择水溶性肥料？

选择滴灌水溶性肥料时应主要考虑五方面因素：一是肥料的溶解性要好，含杂质少，在田间温度条件下完全溶解于水，流动性好，达到灌溉设备的要求，否则容易造成过滤器、滴头等设备堵塞；二是肥料的酸碱性应以不腐蚀设备为宜；三是肥料的配方要合理，养分含量高且全面，能满足作物生长的养分需求；四是与灌溉水的相互作用很小；五是不会引起灌溉水 pH 的剧烈变化。

62. 滴灌对滴灌肥料的要求有哪些？

为防止滴头堵塞，要选用溶解性好的肥料，如尿素、磷酸二氢钾等。施用复合肥时，尽量选择完全速溶性的专用肥料。确需施用不能完全溶解的肥料时，必须先将肥料在盆或桶等容器内溶解，待其沉淀后，将上部溶液倒入施肥罐进入滴灌系统，剩余残渣施入土中。

一般将有机肥和磷肥作为基肥施用。因为有的磷肥，如过磷酸钙只是部分溶解，残渣易堵塞滴头。氨水中的氨易挥发，会改变水的酸碱性，易引起水中的钙、镁沉淀。

要选择对灌溉系统腐蚀性小的肥料。如硫酸铵、硝酸铵对镀锌铁的腐蚀严重，而对不锈钢基本无腐蚀；磷酸对不锈钢有轻度腐蚀；尿素对铝板、不锈钢、铜无腐蚀，对镀锌铁有轻度腐蚀。

63. 有机肥可以应用到滴灌水肥一体化中吗？

有机肥主要来源于植物和动物，施于土壤以供给植物营养为其主要功能的含碳物料俗称农家肥，以各种动物、植物残体或代谢物组成。经生物物质、动植物废弃物、植物残体加工而来，消除了其中的有毒有害物质，富含大量有益物质，包括多种有机酸、肽类以及包括氮、磷、钾在内的丰富的营养元素。不仅能为农作物提供全面营养，而且肥效长，可增加和更新土壤有机质，促进微生物繁殖，改善土壤的理化性质和生物活性，是绿色食品生产的主要养分。

有机肥在滴灌水肥一体化中也可以用，滴灌系统是液体压力输水系统，显然不能直接使用固体有机肥，但可以使用有机肥沤制的沼液，经过沉淀、过滤后施用。鸡粪、猪粪等沤腐后过滤，取其滤清液使用。采用三级过滤系统，先用 20 目不锈钢网过滤，再用 80

目不锈钢网过滤，最后用120目叠片过滤器过滤，否则容易导致过滤器、管道和滴头堵塞。通过滴灌系统施用液体有机肥，不仅克服了单纯施用化肥可能导致的弊端，而且省工省事，施肥均匀，肥效显著。

有机肥料所含各种养分种类虽然齐全，但其浓度却比较低。以鸡粪为例，氮含量约为1.6%，磷含量约为1.5%，钾含量约为0.9%，即100千克鸡粪含氮（N）1.6千克、磷（P_2O_5）1.5千克、钾（K_2O）0.9千克。有机肥料含养分种类多、浓度低、释放慢，应与化肥配合施用才能扬长避短，充分发挥其效益。

64. 常用的化学肥料分为几类？滴灌系统中常用的氮、磷、钾肥有哪些？可溶性肥施用过程中应该注意什么？

(1) 常用化学肥料的分类　按习惯，根据养分种类，可以将化肥分成：氮肥、磷肥、钾肥、复合肥和复混肥。

氮肥是以氮素营养元素为主要成分的化肥。

磷肥是以磷素营养元素为主要成分的化肥。

钾肥是以钾素营养元素为主要成分的化肥。

复合肥是由化学方法混合制成的含作物营养元素氮、磷、钾中任何两种或三种的化肥。

复混肥是由物理方法混合制成的含作物营养元素氮、磷、钾中任何两种或三种的化肥。

复合肥和复混肥两者又有区别，复合肥是通过化学反应合成的，其养分含量均匀，氮、磷、钾各为15%，硫为30%，颗粒大小一致，养分释放均匀，利用率高。而复混肥是通过物理混合而成的，生产工艺简单，养分不均匀，总养分一般不超过30%，养分释放不均衡，造成作物养分吸收过程中的浪费和缺乏，效果较差。

微量元素肥料和某些中量元素肥料：前者如含有硼、锌、铁、钼、锰、铜等微量元素的肥料，后者如钙、镁、硫等肥料。

滴灌上多用可溶性肥料，可溶性肥料是一种可以完全溶于水的多元复合肥料。广义上，水溶性肥料是指完全、迅速溶于水的大量元素单质肥料（如尿素、氯化钾等）、水溶性复合肥料（磷酸二氢铵、磷酸二铵、硝酸钾、磷酸二氢钾等）、农业行业标准规定的水溶性肥料（大量元素水溶肥、中量元素水溶肥、微量元素水溶肥、氨基酸水溶肥、腐殖酸水溶肥）和有机水溶肥料等。狭义上，水溶性肥料是指完全、迅速溶于水的多元复合肥料或功能型有机复混肥料，特别是农业农村部行业标准规定的水溶性肥料产品，该类水溶性肥料是指专门针对灌溉施肥（滴灌、喷灌、微喷灌等）和叶面施肥而言的高端产品，满足针对性较强的区域和作物的养分需求，需要较强的农化服务技术指导。

（2）滴灌系统中常用的氮、磷、钾肥 按照《肥料合理使用准则 氮肥》（NY/T 1105—2006）中的分类，氮肥分为铵态氮肥、硝态氮肥、硝铵态氮肥、酰胺态氮肥。主要的氮肥包括：铵态氮肥——碳酸氢铵、硫酸铵、氯化铵、氨水、液氨等；硝态氮肥——硝酸钠、硝酸钙、硝酸铵等；酰胺态氮肥——尿素，是固体氮中含氮最高的肥料；尿素硝铵溶液、脲铵氮肥及磷酸二氢铵、磷酸脲等氮磷二元肥和硝酸钾等氮钾二元肥。

磷肥主要有磷酸二氢铵、磷酸二铵、磷酸脲、硫酸钾，需考虑溶解性，滴灌注意过滤、搅拌。

滴灌系统中常用的钾肥主要有氯化钾、硝酸钾、硫代硫酸钾等。硫酸钾由于溶解度低，不适合在滴灌系统中使用。

常见的化学肥料，如氨水、尿素、硫酸铵、硝酸铵、磷酸二氢铵、磷酸二铵、氯化钾、硫酸钾、硝酸钾、硝酸钙、硫酸镁、硼酸、硫酸铜、硫酸锰、硫酸锌、螯合锌、螯合铁、螯合锰、螯合铜等，对于固态肥料以粉状或小块状为首选，要求水溶性强，含杂质少，一般不选用或少选用颗粒状复合肥。

（3）可溶性肥施用过程中的注意事项

①过量灌溉问题。滴灌施肥最令人担心的问题是过量灌溉。很

多用户总感觉滴灌出水少，心里不踏实，于是延长灌溉时间。延长灌溉时间的一个后果是浪费水，另一个后果是把不被土壤吸附的养分淋洗到根层以下，浪费肥料。特别是氮的淋洗，通常水溶复合肥料中含尿素、硝态氮，这两种氮源最容易被淋洗掉。过量灌溉常常表现出缺氮症状，叶片发黄，植物生长受阻。

②施肥后的洗管问题。一般先滴水，等管道完全充满水后开始施肥，原则上施肥时间越长越好。施肥结束后要继续滴 30 分钟左右清水，将管道内残留的肥液全部排出。许多用户滴肥后不洗管，最后在滴头处生长出藻类及微生物，导致滴头堵塞。

65. 液态肥对水肥一体机有什么要求？

液体肥料分为清质液和螯合液，均呈液态状。清质液肥料是含有一种或一种以上农作物所需要的营养元素（氮、磷、钾等）的液体产品，营养物质含量高，浓度均匀，营养均衡、效果稳定、吸收利用率高，更安全、更绿色、更环保，被誉为环保型绿色肥料。螯合液在螯合时可添加多种微量元素，制成含有生物菌剂螯合态物质，能与多种肥料、助剂、调节剂复配使用而不降低其他产品的效果，全水溶无残渣。螯合态的中微量元素可以避免与土壤中的磷酸根、硫酸根、有机质等发生反应，中微量元素的吸收利用率要远远高于无机盐类肥料，有效成分易被吸收，提高了肥料利用率，有利于土壤修复和肥力培育。

清质液肥料主要应用在设施农业中，氮、磷、钾液体存放在不同的容器中，需要多通道施肥机通过各自独立通道进行施肥；螯合液因黏稠、密度大，注肥时易打滑，常规设备不易将肥料注入滴灌系统，精准计量难度较大，需要专门定制施肥机，不论清质液还是螯合液施肥器统称为水肥一体机。液体肥具有一定的腐蚀性，储肥罐必须耐腐蚀，因需要运输，还要材质轻便耐用，使用寿命长，矮化设计，方便肥料装入；快接头管路连接，安装快速简便。水肥一体机一般可以根据用户设置施肥比例、施肥时间及循环模式等要求，通过注肥泵、电磁阀和监测系统适时适量将肥料注入灌溉管道，自动完成施肥任务，控制面板防水设计适合于野外作业；水肥机溶肥能力强，控制面积可达 1 000 亩，可以实时检测施肥流量值、液位、压力等是否超过设定数值并及时报警。

66. 液态肥储施罐的分类及优缺点有哪些？

按材料不同可以分为金属罐与非金属罐。

金属罐的优点是使用期限更长，但缺点是不能用于储施一些具有腐蚀性的液体肥料，自身重量大，不易运输，且价格较高。

非金属罐的优点是具有一定的耐腐蚀性，可以用于更多类型肥料的储施，轻便，易运输，且价格相对便宜。一般采用 PE 材料制成施肥罐，能耐 pH＝4 的酸性液态肥的腐蚀，自身重量轻，易于运输，性价比高。

第七章

滴灌系统自动化

67. 什么是农业节水灌溉自动化控制?

自动化是指机器设备、系统或过程（生产、管理过程）在没有人或较少人的直接参与下，应用计算机、通信及电子控制设备等技术，按照人的要求，经过自动检测、信息处理、逻辑分析、操纵控制和机器执行，实现预期目标的过程。

滴灌系统由首部系统、输水管网系统和田间灌水器组成，通过首部加压将水和肥料输送到作物的根部。节水灌溉自动化建立在滴灌工程设施的基础上，实时采集并存储各类农业相关数据参数，如土壤温湿度、气象参数、不同植物生长参数，并通过对其长期跟踪和分析，针对不同的区域、不同的场景、不同的种植作物制订更加合理的施肥和灌溉计划，借助自动控制系统，实现远程控制，大力提升农业节水灌溉的科学管理水平，精准灌溉、精准施肥，控制病虫害，安全生产保护，达到节水、增效、增产的目的，最终实现农作物的生产、管理、销售等完美地信息化一条龙服务（图 7-1）。

68. 滴灌自动化控制技术系统由什么组成?

滴灌自动化控制技术系统由自动控制技术系统、传感器技术系统、通信技术系统、计算机技术系统、专家决策系统及灌溉管理系统组成。即程序单元、作用单元、传感单元、制定单元、控制单元

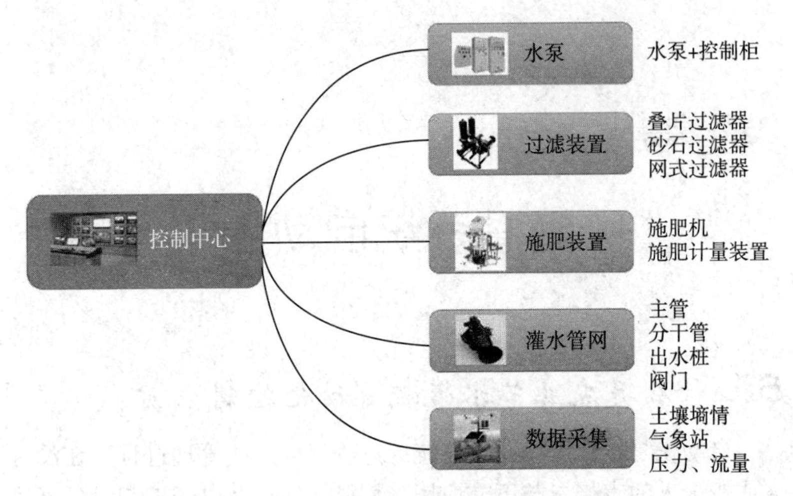

图 7-1　节水自动化控制中心的主要内容

等五个单元组成，也就是感知、预测、执行三大部分。详见自动化灌溉系统网络图（图 7-2）。

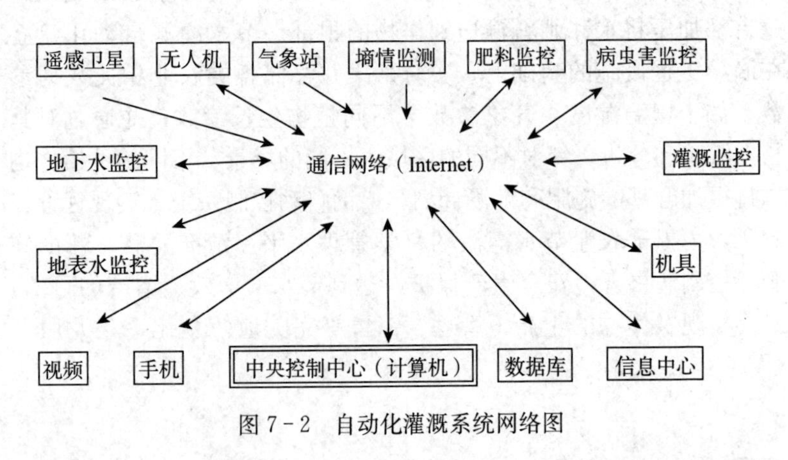

图 7-2　自动化灌溉系统网络图

69. 滴灌自动化控制工程主要由哪些设备组成？

(1) 控制中心　对滴灌自动化控制工程所管辖的灌区制订相应

的管理计划，通过互联网（Internet）等通信网络设备，将计划实时命令传递到各类控制器，同时接收各类相关的信息反馈；具备监测、控制、报警及相关数据分析等功能。主要由计算机、通信网关、控制器设备及软件等部分组成。

（2）控制器（RTU）**及阀门**　按照控制中心下发的命令，经过控制器接收并传达到执行的电磁/微电/电动阀及各类传感器等。其中，阀门控制器具备指令解释执行功能，即压力、开度监测、故障、充放电控制，以及采集（反馈）数据的上报及无线通信等功能。

（3）传感器　将同灌溉相关的土壤墒情、温度、pH 等作物生存环境指标，用物理或化学感应器元件转换成电学信号，由信号传输装置发送到控制单元，作为控制中心执行命令的反馈部件组成控制系统。

滴灌自动化控制工程系统组成见图 7－3。

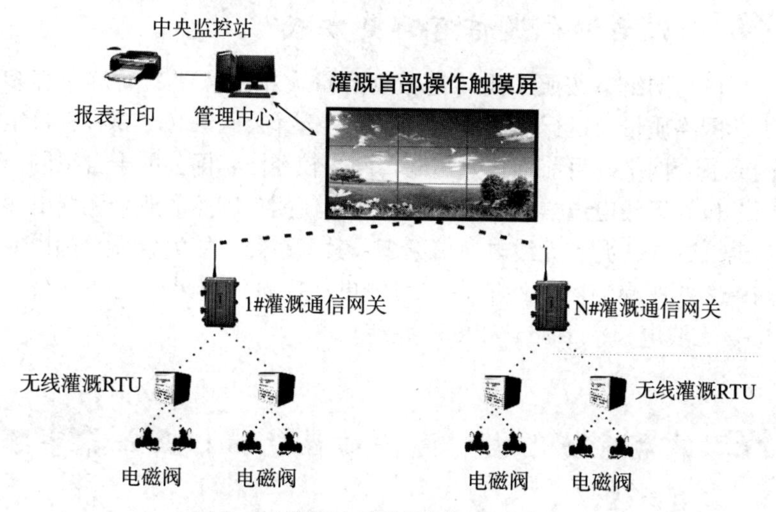

图 7－3　滴灌自动化控制工程系统组成

70. 滴灌自动化操作平台的软件有哪些？

系统软件是实现整个系统功能的载体，决定着系统工作的成败，是系统最终能否发挥效用的关键所在。系统软件为以下三层结构。

(1) 数据层 数据层主要完成各类数据的采集和存储，如土壤墒情数据、气象数据、植物生长数据等。

(2) 应用层 应用层的主要工作是制订和执行轮灌计划，控制各级设备的命令自动下发。根据灌溉存储数据，以及采集的气象、土壤墒情、肥料等相关数据，适时调整和优化制订科学合理的灌溉计划，同时具备相关预测及警示功能。

(3) 界面层 界面层为软件设计的最上层，提供丰富的数据分析，实时显示灌区的灌溉情况、气象参数以及整个灌区的网络拓扑图，结合GIS等工具、图形界面，自动生成各类数据图表。

71. 滴灌自动化通信有哪些方式?

(1) 网络 按照系统传送数据容量大小，管理范围及内容多少，网络质量及运行费用等情况分析，选择公网（4G、5G)、自组网或混合网络。目前推荐使用混合网络较经济，即公网＋自组网。

(2) 无线电通信频率 自组网选择使用免牌照的业余无线电频谱最低的433兆赫无线电通信频率，其穿越障碍能力较强。国内专网中230兆赫频段的性能在应用中更加优越，效果会更好（公网4G，无线电频率1 765～2 655兆赫)。

72. 滴灌自动化控制阀门的性能指标及保养事项有哪些?

目前，田间控制的关键器件的性能是决定自动化控制系统的质量高低及成败的主要因素。必须适应现有工程建设的技术标准，其中，抗泥沙堵塞能力，工作压力5米，压力损失小于1米，开启压力小于1米等参考值是非常重要的技术指标。

产品在使用过程中，需要注意太阳能电池板的清扫问题，避免尘土遮盖影响太阳能转换效率；在冬季储存时做好阀体清洁工作并做好标记，以备来年安装到原来位置，减少调试时间，为滴出苗水赢得时间。

73. 为什么滴灌自动化要选择小流量灌水器？

滴灌自动化技术是按照农作物按需供水相配套的技术，农作物生长有利的土壤条件是既不缺水也不涝，既可保持土壤的润湿又有很好的透气性，这就要求高频灌溉少量多次，也即要求灌水器流量小。一是可快速实现作物交替（隔行）灌溉（透气好）及高频随机灌溉；二是可方便实现不同轮灌小区灌水均匀度系数达 0.95 以上（普通滴灌 0.9）。因此自动化控制系统最经济可靠的选择是小流量灌水器。

74. 当前滴灌自动化主要实现的功能有哪些？

滴灌首部恒压供水、自动反冲洗过滤、精准施肥等自动化技术都得到了很好的应用。但新疆维吾尔自治区目前大多数滴灌自动化田间工程只是做到了灌溉系统中支管阀门的自动启闭，按种植户经验制定轮灌制度，人为地设定浇水周期，按时间顺序切换阀门，且故障率相对较高。随着科技进步和农业集约化生产的刚性需求增强，滴灌自动化的功能会得到进一步完善和提高。

75. 目前滴灌自动化产业化推广的限制因素有哪些？

目前滴灌自动化产业化推广难既有自身原因又有外部条件限制。归纳起来有以下主要原因：①自动化设备亩投入成本高，同农业增产增收内在需求相比，没有达到理想效果；②滴灌自动化配套的滴灌系统的设计、管理面积大的滴灌带产品及滴灌自动化专用产品缺失，造成系统可靠性低、维护量大；③机耕作业同田间滴灌设施冲突，造成田间自动化设施损毁；④每年秋季的拆卸和春季的安装调试既耽误农时又造成不必要的费用；⑤饥渴浇水和农作物适时浇水不相适应，水资源紧缺及与作物需水规律不匹配的输配水管理在作物需要水时不能及时提供保障。

76. 滴灌自动化的投入费用是多少？

滴灌自动化一般来讲指的是首部设备管理和田间阀门控制。一个 1 000 亩地理想状态下的自动化配置，按水泵变频控制、施肥、水量计量、电量计量及田间阀门控制基本功能核算，亩投入成本在 300～400 元。

77. 滴灌自动化的发展趋势是什么？

建立全国统一的标准、统一控制管理平台、统一控制管理软件、统一信息大数据化管理。计算机技术、通信技术、控制技术、软件技术及遥感技术等相关的电子技术发展日臻完善，在自动化系统研究工作中不是主要问题。开展高低空遥感技术的应用研究、新型控制及传感设备的研发，即定制化终端设备的研发是今后工作的重点。

第八章

滴灌粮食作物

78. 盐渍化土地种植冬小麦如何使用滴灌技术？

土壤次生盐碱化重的地块，田间出苗率低。即使出了苗，入冬前长势弱，僵苗多，黄尖多，分蘖少；开春后随气温升高，水分蒸发，土壤返碱加重，麦苗大量死亡。采用一机六管、一管滴四行技术（图 8-1），抑制盐碱效果显著，小麦出苗率高，长势好，收获麦穗增多。在收复和改良的弃耕地和盐碱比较重的地块采用这种铺带方式，效果比较好。

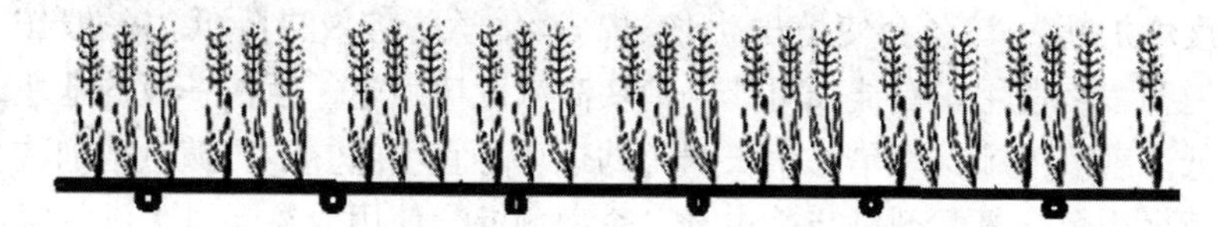

图 8-1　盐渍化土壤冬小麦一管滴四行布置示意图

79. 滴灌小麦、玉米如何进行化学调控？

滴灌春小麦与地面漫灌相比，根系在土壤中分布较浅，加之田间无渠道、田埂等，边际效益减弱，如肥水运筹不当，随着群体加大和产量提高后，产生倒伏的可能性增加，应采用水控、肥控和加大化学调控强度，控制基部第一、第二节间伸长，降低植株高度。当前用矮壮素防御小麦倒伏见效快、效果好。一般高产田亩用量 250 毫升，长势过旺麦田，间隔 3～4 天，再喷施 80～

100 毫升连续控制。春天喷施矮壮素期间，往往受阴雨、刮风等气候影响。因此，喷矮壮素宁早勿晚，以免错过最佳时期，影响防御倒伏效果。

滴灌玉米常用药剂有乙烯利、玉米健壮素、矮壮素。喷施时间在玉米 3～10 叶均可，但以玉米 6～9 叶期最佳。

乙烯利是一种多功能调节剂，在玉米上有显著的控旺效果，是应用最多的调节剂，约占市场上玉米控旺产品的 70%以上。具有速效性好、成本低、无污染、无残留的优点，缺点是使用浓度范围窄，应用最佳时间晚，作用效果受天气影响波动大。

玉米健壮素包括缩节胺、助壮素、甲哌鎓，也是玉米控旺防倒的常见产品之一。使用时间、浓度范围都很窄，使用时间早了对果穗发育影响大，使用时间晚了不易操作。控旺效果不突出，不能与其他农药（有机磷）混用。

矮壮素在玉米单一化学防控时使用，加入剂量大，控旺效果也不突出，副作用明显。

化学防控可使玉米种植密度增加 10%，但不宜增加过多。密度增加超过 10%会使植株生长过高，化学防控效果降低。一般按说明浓度使用，有徒长可能的地块高浓度值喷施；生长一般的地块低浓度值喷施；干旱、生长弱小的地块不宜喷施。不要随意增加或减少用量。复配剂可与杀虫剂、杀菌剂混合使用。在无风无雨的上午 10 点前或下午 4 点后喷施。力求喷施均匀，不要重复喷施，也不要漏喷。

一般不使用单剂，单剂应用有副作用。如果需要使用，应注意以下几点。建议使用乙烯利单剂时要加胺鲜酯（DA-6），速效与长效相结合，使用时间可提前，受天气影响小。据研究资料显示，玉米健壮素大面积推广应用时可加入适量的复硝酚钠原粉，调节时间可以提前，剂量略减，浓度范围可调节，副作用消失，控旺增产效果优异。矮壮素、甲哌鎓与 DA-6 配合使用，具有控旺增产突出，应用时间提前，无毒副作用，可节约有效成分。

80. 滴灌粮食作物增产机理及效益是怎样的？

(1) 滴灌粮食作物增产机理

①植株光能利用率提高。滴灌栽培措施到位，植株生长发育好，光能利用率高，田间漏光系数大大降低，是增产的生理原因。滴灌栽培，田间无渠道和畦埂占地，土地利用率可提高5%～7%，群体在同样数量的情况下，株间个体分布均匀，有效空间大，相互遮阳避光面积减少，接受光能辐射面积增多，漏光损失率大大降低，光能利用率增加，加之滴水出苗，墒情均匀、出苗整齐、生长一致，缺苗断垄和疙瘩苗现象减少、弱势植株数量大大降低，群体质量提高，植株生长健壮，光能利用强度增加，干物质积累多，作物自身优势发挥充分，是提高产量的有利条件和内在基础。

②水肥效率充分发挥。滴灌施肥技术是国内外公认的一项高效灌溉和高效施肥技术。

③技术调控能力增强。在干旱半干旱的灌溉农区，田间技术措施运筹是以水肥为中心的。通过水肥合理运筹，按照苗情及时调控，培育健壮的个体和良好的群体结构，力求壮秆大穗，减少倒伏，有利于生长。

④稳产性增强、抵抗自然灾害能力提高。粮食作物生长期较长，各地区气候往往变化多端，经常影响作物生长和有关农艺措施及时进行。滴灌栽培调节能力增强，例如刮风造成土壤跑墒，影响出苗减产，滴灌方式及时滴水补墒，有利于全苗、匀苗和壮苗，能发挥适期早播的增产优势。

⑤滴灌抑制田间病虫草害发生。粮食作物是密植作物，田间群体大，分布均匀，抑制株间杂草能力强。实施滴灌后田间无沟渠和畦埂，杂草生长和繁殖空间减少。

(2) 滴灌粮食作物效益　采用滴灌方式种植粮食作物，增加了滴灌管网设施费用，生产成本增加，但节省了水、肥、种子、人工、机械等多方面的投入，增产增收效果明显。相关专家为了验证滴灌技术在玉米种植上的应用效果，对玉米滴灌技术效益进行研究，结果表明膜下滴灌技术较露地滴灌种植增产12.9%，增收1 917元/公顷，比常规灌溉种植增产21.5%～27.5%。

81. 新疆小麦、玉米、马铃薯、水稻滴灌栽培模式是怎样的？

（1）小麦滴灌栽培模式　在播种机械3.6米播幅、24行条播机的基础上，将滴灌带布置成两种不同形式进行大田作业。

①一机四管、一管滴六行小麦。缩小滴灌带行距，加宽两边交接行的间距，既有利于麦行灌水均匀，又有利于小麦边际效益发挥，再者由于行间间距加大，为麦茬免耕、复耕带来方便（图8-2）。

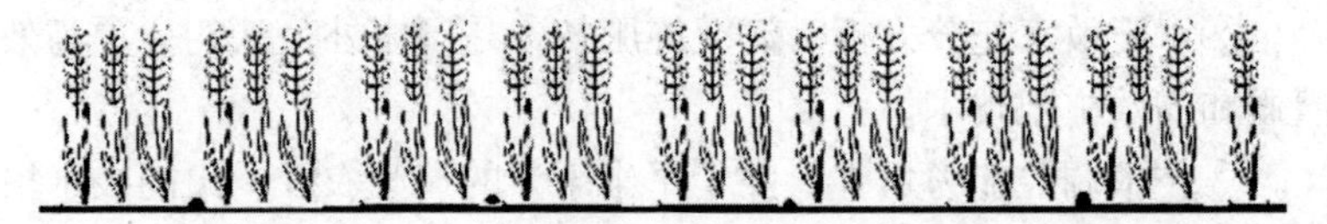

图8-2　冬小麦一管滴六行缩小行距加宽边行间距示意图

②一机五管、一管滴五行小麦。播幅宽3.6米，滴灌带间距为72厘米，铺滴灌带行间距21厘米，其他为等行距，行距宽13厘米，支管轮灌（图8-3）。

图8-3　冬小麦一管滴五行滴灌带布置方式示意图

（2）玉米滴灌栽培模式　膜下滴灌玉米栽培方式主要有宽窄行配置和等行距配置两种。一般采用宽窄行配置，窄行覆膜铺管，多采用幅宽70厘米的聚乙烯膜。采用宽窄行配置，其优点一是提高水肥利用效率，二是宽行有利于群体生育后期中下部叶片通风透光，减少郁闭，有利于提高光合效率。宽窄行配置：35 厘米＋65 厘米宽窄行，窄行放置滴灌带，间隔 10 厘米，穴距 5～6 穴/米；40 厘米＋80 厘米宽窄行，窄行放置滴灌带，间隔 120 厘米；30 厘米＋90 厘米宽窄行，窄行放置滴灌带，间隔 120 厘米，穴距 6～7 穴/米，密度 6 666～7 777 株/亩。

（3）马铃薯滴灌栽培模式　马铃薯膜下滴灌播种采用垄作，多采用双行播种机，行距 70～90 厘米，开沟、播种、覆土、铺滴灌管、覆膜一次性完成。

应做到播种深浅一致、下籽均匀、行垄匀直、覆土厚度一致、尽量避免空穴或一穴多籽的现象发生。播深一般为 8～10 厘米。黏土适当浅播，沙壤土要适当深播，但不能超过 12 厘米。

（4）水稻滴灌栽培模式　根据滴灌水稻需水特性要求，针对不同水质、水源条件、土壤性质、种植布局和地形等条件，组合成了滴灌系统的几种不同的管网田间结构模式。主要有三种：超宽膜一膜三管十二行、一膜三管十行（图 8-4），宽膜一膜两管八行。应结合滴灌水稻品种和土壤肥力选择播种模式，品种分蘖旺盛土壤肥力充足，宜选择稀植模式；品种分蘖弱土壤相对贫瘠，宜选择密植模式。

图 8-4　一膜三管十行播种实景图（膜宽 2.05 米）

82. 粮食作物滴灌带浅埋的注意事项有哪些？

基于田间试验，浅埋滴灌模式是在常规地表滴灌基础上结合覆膜和浅埋措施实施的一种滴灌栽培方式。有效减轻了地膜和滴灌带被风刮起来造成的风灾，同时对滴灌节水潜力有了进一步提高。浅埋滴灌模式下水肥利用效率高于地表滴灌。浅埋滴灌技术的要义在于播种时将滴灌带浅埋入小沟内，覆土2～3厘米即可。滴灌带在不被风吹乱的前提下埋设深度越浅越好，遇到滴灌带接头要及时用毛管直通连接好覆土，并插上标记，然后将滴灌带与地上支管相连，实现水肥一体化精准管理。

83. 粮食作物滴灌栽培技术是怎样的？

(1) 北疆滴灌小麦栽培技术

①小麦滴灌播种机的改装和配套农机具的准备工作。24行滴灌小麦播种机应按照技术要求，提前进行检查、维修、改装，安装好铺设滴灌带的装置。按照小麦管带布置方式的要求调整行距布置。根据播种质量要求，播前在田边实地测试，播后镇压和碎土等农具配备齐全。

②滴灌小麦适期播种。滴灌小麦播期从播后滴水出苗之日算起。适期播种是培育壮苗，提高麦苗素质，为丰产打下基础的保证。一般当地昼夜平均气温稳定在18～16℃时是最佳时期。入冬前小麦生长有40～50天，每长成一个叶片（或一个分蘖），需要≥0℃有效积温75℃左右。入冬前要求小麦主茎上生长5～6个叶，形成2～3个分蘖和4～6条次生根。冬麦播种期偏早会造成冬前养分消耗多，体内积累少，越冬期间抗寒能力减弱，返青迟长势不旺。

③滴灌小麦播种量。一般大田亩用种量12～15千克，肥沃土地不超过14千克，盐碱地和瘠薄地15千克。晚播麦田亩用种量比

早播麦田亩用种量增加 1 千克，每亩基本苗保持 28 万～30 万株。在山地、沙性较强、地势较高、盐碱地和地下水位较高的地块，应提前播种，反之则晚播。小麦播种质量的好坏，直接影响全苗、齐苗、匀苗和壮苗，应提前做好麦田平整，机车、农具事先调试好。及时布置好支管、毛管接头。播种时间与滴水出苗时间间隔不宜超过 3 天。播种深度保持 3～3.5 厘米，播行宽窄要规范，为防止被风吹动滴灌带，一般要浅埋 2～3 厘米，但不宜过深，以利于滴水和湿润峰扩展，节约用水、缩短滴水周期，保持管带远近行出苗和生长均匀一致。

(2) 滴灌玉米栽培技术

①种子处理。播种前对种子进行人工挑选，选出瘪粒，污粒、杂粒、虫口粒，晒种 1～2 天。机械播种对发芽率要求高，少量播发芽率达到 95%，精量播发芽率达到 98%。种子包衣，用 15.5%福克悬浮剂按药种比 1∶（35～45），或用 20%的玉米种衣剂按药水比 1∶（50～70）进行种子包衣，或用 25%三唑酮可湿性粉剂按 0.2%拌种。种子包衣或拌种可防治地下害虫、玉米蚜、黑穗病、黑粉病。

②播种。10 厘米地温稳定在 8℃以上播种，一般年份在 4 月 25 日，播深 4～5 厘米，覆土 3～4 厘米，随播种施种肥，其中三元复合肥 5～10 千克/亩，锌肥 2 千克/亩，为防治地下害虫，掺入辛硫磷颗粒剂。播后适时镇压保墒，保证苗齐、苗壮、苗全。化学除草封闭土壤，在播后出苗前施用除草剂，常用 38%阿特拉津胶悬剂 200 毫升/亩加 50%乙草胺乳油 150～200 毫升/亩，兑水 100 千克均匀喷雾。注意干旱年份施药要加大用水量，雨后施药要适当增加用药量，在除草剂内加入防玉米螟药剂。高标准覆盖地膜，做好护膜，严防风揭膜。

③玉米灌水技术。玉米从拔节、抽穗到籽粒灌浆期间的需水量占整个生育期间总需水量的 50%以上，在玉米关键需水期，应保持田间持水量在 70%～80%，在苗期、拔节期、孕穗期、抽雄期、灌浆期灌水。一般中旱年应灌 4 次水，旱年应灌 5 次水，灌水量为

15～25米^3/亩。

④田间管理。出1～2片真叶时开孔引苗出土并及时用土将茎基部孔眼封闭严密，防止通风、散热、跑墒长草。适时一次定苗，在幼苗3～4片真叶时进行。对小苗、弱苗及早追施尿素水，进行三类苗升级，达到全田有整齐一致的苗。拔节前后，追攻秆肥，随水追尿素2.5千克/亩。拔节期遇旱进行滴水，用水量5～8米^3/亩。大喇叭口前10天重施攻穗肥，随水追施尿素25千克/亩。如遇高温干旱，进行滴灌，用水量15～25米^3/亩。花粒期人工去雄，在雄穗刚抽出尚未开花散粉时进行，可隔1行去1行或隔2行去1行，靠地边几行不去雄以免影响授粉。玉米去雄简单易行，一般可增产5%～10%。穗粒期遇旱进行滴灌，用水量15～25米^3/亩，并随水追施尿素0.25千克/亩，磷酸二氢钾0.2千克/亩，攻穗增重防衰。籽粒灌浆期和蜡熟期是产量形成的重要时期，应保持土壤湿润，促进机体养分向穗粒转移。

⑤病虫害防治。玉米虫害主要有玉米螟和黏虫。玉米螟为多食性害虫，一年发生2代，主要危害玉米、高粱和粟类。防治一代玉米螟，在玉米心叶期每亩将50%辛硫磷颗粒剂1.5～2千克于大喇叭口期投入玉米心叶，或将80%敌敌畏乳油稀释成2 500～3 000倍液灌心叶，每株灌10～15毫升，防效85%。防治二代玉米螟，用50%敌敌畏乳油0.5千克加水300～500升，配成药液，在雌穗苞顶开一小口、注入少量药液，1升药液可灌雌穗360个，防效显著。生物防治，在玉米螟产卵始期和盛期末分别放2次赤眼蜂，每亩设4～6个放蜂点，将蜂卡别在叶背面，防效显著，省工、安全、成本低。黏虫则需抓住适期，及时彻底防治。

玉米病害主要有玉米大斑病、小斑病、丝黑穗病、黑粉病、青枯病、弯孢菌叶斑病、矮花叶病、纹枯病、顶腐病、穗腐病等10多种。其中以玉米大斑病、小斑病、纹枯病、弯孢菌叶斑病、矮花叶病，发病率高，危害重。以农业防治为主，配合药剂防治可控制和减轻危害。

⑥适时收获。根据玉米田间长相、品种的生育天数、穗皮和籽

粒色泽以及当地昼夜平均气温，综合考虑确定收获时间，做到适时收获。由于气候变暖，霜期延后，玉米收获期应较往年晚5～7天，适时晚收有利于籽粒灌浆和增加谷重，推荐收获期在10月5～10日。

东北常规玉米与滴灌玉米苗期的对比见图8-5。

图8-5 东北常规玉米与滴灌玉米苗期对比图

(3) 马铃薯膜下滴灌栽培技术 为了促进马铃薯膜下滴灌栽培技术（图8-6）的大面积推广，按照马铃薯示范基地标准化栽培的要求，马铃薯膜下滴灌示范田规范化高产栽培技术如下。

图8-6 滴灌马铃薯

①选地。马铃薯膜下滴灌栽培，选择地势平坦、地块比较集中、有灌溉条件、便于机械作业的沙壤地做示范田。

②品种选择。选择高产优质、商品率高、适合当地栽培的品种为主栽品种。

③播前准备工作。做好播前准备工作，是确保马铃薯膜下滴灌种植高产的关键。马铃薯膜下滴灌，一般滴灌管道的铺设、施肥、播种和铺膜都是一次性完成的。因此，播前各项准备工作都不容忽视。

a. 种子处理。做好种子处理工作是确保马铃薯田苗全、苗壮、高产的主要措施，做好种子处理一般可增产 18%～20%。

b. 种薯出窖与挑选。将马铃薯种薯播前 15～20 天出窖，边晾晒边剔除病薯、畸形薯、杂薯和冻薯，选择薯形整齐、表皮光滑、品种特征明显的种薯或选 50 克左右健康小整薯作为种薯，可增产 15%～20%。将种薯放置在有光的室内均匀受光，在芽长 1～1.5 厘米幼芽变绿变紫后切籽；切籽时为了防治环腐病，要进行切刀消毒，用 1%的高锰酸钾溶液浸泡 10 分钟，或在煮沸的开水中加点盐，将切刀浸泡 8～10 分钟；切籽后用草木灰拌种，等刀口愈合后即可播种。

c. 施基肥。覆膜技术是一项覆肥不覆瘦的高投入、高产出的集约化经营技术，因此，施肥量应比露地栽培多 30%～40%才能满足马铃薯对养分的需求。一般覆膜前每亩施优质农家肥 2 000～3 000千克，碳酸氢铵 50 千克，或施用农家肥加马铃薯专用复合肥 40～50 千克，结合深耕翻入田中做基肥（一般耕翻深度为 26.4～29.7 厘米）；将磷酸二铵和硫酸钾各 20 千克做种肥，用播种覆膜机结合播种一次性施入。

④播种。

a. 播种时间。一般在 4 月中下旬到 5 月初播种为宜。如果是机械覆膜人工点种的地块，要适当提前铺膜播种，以防延误播期。

b. 播种方法。播种密度，一般膜距 1～1.1 米，采取宽窄垄播种的方式，大行距 70 厘米，小行距 30 厘米，株距 40 厘米，每亩保苗 2 800～3 000 株。

c. 播种。用播种覆膜机一次完成覆膜、铺管、施种肥、播种。对于杂草比较多的地块，可在播前喷施化学除草剂除草。

⑤田间管理。

a. 护膜护管。播后随时压土护膜护管，以防大风揭膜和人为损毁。

b. 中耕除草。出苗前后结合中耕及时除去膜间杂草。

c. 及时查苗、放苗、补苗。发现有苗出土时，及时查苗、放苗、护苗出土防止烧苗；同时发现有缺苗断垄的地方，要及时补苗促全苗壮苗。

d. 灌水。一般年份马铃薯整个生育期需要灌水 3～4 次，一般一个 50 吨的水泵，每次滴灌约 30 亩马铃薯田，需要 12 个小时左右。第一水，在出苗后干旱少雨时灌一次提苗水；第二水，在现蕾期灌一次马铃薯块茎膨大水；第三水，结合追肥灌一次马铃薯快速生长水。如遇春季干旱应两周灌溉一次，在马铃薯生长后期，如果不缺雨就不用再灌水。

e. 播后灌溉。播种后土壤墒情不好，要进行滴灌，土壤湿润深度应控制在 15 厘米以内，否则降低地温影响出苗，造成种薯腐烂。

出苗时根据土壤墒情进行一次滴灌，使土壤湿润深度保持在 15 厘米左右，土壤相对湿度保持在 60%～65%。出苗后 20～25 天，块茎开始形成，应使土壤相对湿度保持在 65%～75%，土壤湿润深度为 20 厘米。

块茎形成期至淀粉积累期应根据土壤墒情和天气情况及时进行灌溉。始终保持土壤湿润深度 40～50 厘米，土壤水分状况为田间最大持水量的 75%～80%。可采用短时且频繁的灌溉。

终花期后，滴灌间隔的时间延长，保持土壤湿润深度达 30 厘米。土壤相对湿度保持在 65%～70%。较为黏重的土壤收获前 10～15 天停水，沙性土收获前一周停水。以确保土壤松软，便于收获。

f. 追肥。在基肥和种肥不充足的地块，要结合第二次、第三次灌水追肥 1～2 次。每次追肥尿素和硫酸钾各 10～15 千克。

⑥病虫害防治。马铃薯病虫害主要有马铃薯早晚疫病、环腐病、病毒病、蚜虫和地下害虫。

a. 早晚疫病防治。首先，通过换种、选种，选择无病种薯做种子，并实行两年以上轮作，以减少初侵染来源；其次，要加强栽培管理，增施磷、钾肥以增强植株的抗病能力，加强中耕培土，增强田间排水通风；第三，在发病初期用药剂防治，用 30%的代森锰锌水剂 300 倍液或 58%的甲霜·锰锌可湿性粉剂 500 倍液喷雾，每隔 7～10 天喷一次，连喷 4～5 次。

b. 环腐病防治。环腐病是带病种薯通过切刀扩大传播把病传给下一代的，因此只要严把种子关就可防止。一是要选用抗病品种严格淘汰病薯；二是要进行切刀消毒；三是播种健康小整薯。

c. 病毒病防治。马铃薯病毒病主要靠蚜虫传播，因此防治病毒病必须首先防治蚜虫。如果病毒病已经发生，在发病初期可用病毒 A 防治；此外，防治马铃薯病毒病主要通过使用脱毒种薯。

d. 蚜虫防治。用灭蚜松或 50%的杀螟硫磷乳油 500 倍液在苗高 15～20 厘米时第一次喷药，根据蚜虫发生情况每隔 10～20 天喷药一次。

e. 地下害虫防治。马铃薯地下害虫主要有地老虎和金针虫。主要通过秋翻秋耙破坏其越冬场所杀死大量幼虫和成虫；其次可除去田间地头杂草带出田外以防治地老虎，效果非常显著；每亩用 5%的辛硫磷颗粒剂 2～2.5 千克，耕翻入土进行药剂防治。

⑦适时收获。当马铃薯生长天数达到生育天数时，根据不同需求适时收获，商品薯提早上市可以适当早收，储藏薯可以适当晚收。

（4）滴灌水稻栽培技术 膜下滴灌水稻属于无水层灌溉栽培，只有具备一定的灌溉条件，才能确保膜下滴灌水稻稳产高产。要选择地势平坦，含盐量在 0.2%以内的土壤，因氯化物毒害大，含氯量应控制在 0.12%以内。凡是没有经过土壤含盐量测定的土壤，应以小麦能保住全苗做标准，这样的地块可以搞膜下滴灌水稻。选择中性或偏酸性土壤，pH 不超过 7.5。不应选择不保肥、不保水的沙性重的地块和贫瘠地，地面不平、高低悬殊以及土壤过于黏重地块和杂草过多的地块，这些类型土地均不适合膜下滴灌水稻种植。

84. 滴灌大豆栽培对环境条件的要求及栽培要点有哪些？

(1) 对环境条件的要求

①温度。大豆是喜温作物，不同品种在生育期内所需的≥10℃活动积温相差很大，一般需 2 400～3 800℃，大豆种子在 6～7℃即可发芽，但生长缓慢，故以土壤表层 5～10 厘米地温稳定通过 8～10℃播种最为适宜。开花最适宜的温度为 20～26℃。豆荚形成或鼓粒期气温不低于 15℃，开花结荚期要求 19℃以上，适宜的温度在 25℃，大豆开花结荚期气温低于 19℃的地区不能种植大豆。

②光照。大豆是短日照作物。对日照长短反应非常敏感。因此，大豆分布区域虽广，但品种的适宜性很窄。大豆对短日照条件的需求是不可缺少的，大豆自南方引向北方时，由于纬度升高，日照变长，原产于南方地区的品种所需短日照条件得不到满足，开花和成熟均推迟，甚至霜前不能成熟。反之，大豆成熟提早，植株变得矮小。

③水分。大豆是需水较多的作物。每形成 1 克干物质消耗水分 600～750 克，平均每株大豆一生需水 17.5～30 千克，形成 1 千克大豆籽粒耗水 2 吨左右。大豆幼苗期根系生长较快，茎叶生长较慢，此期土壤湿度以在 20%～30%，占田间持水量的 60%～65%为宜；分枝期是大豆茎叶开始繁茂、花芽开始分化的时期，这时土壤湿度以保持田间持水量的 65%～70%为宜，若土壤湿度低于 20%应适量灌水，并及时中耕松土；开花结荚期水分不足会造成植

株生长受阻，花荚脱落，此期土壤水分不应低于田间持水量的65%～70%，以达到最大持水量的 80%为宜；结荚鼓粒期缺水容易造成秕粒，此期应保持田间持水量的 70%～80%；进入鼓粒期后，转入完全的生殖生长，此时缺水会导致叶片凋萎，百粒重下降，空秕荚增多，此期应保持田间持水量的 70%～75%；成熟期田间持水量以 20%～30%为宜，保证大豆叶正常转黄脱落，无早衰现象。

④土壤。大豆对土壤条件的要求并不十分严格，只要在排灌良好、肥沃、土层深厚的土壤都可以良好生长。从土壤性质来看，沙壤土、壤土、黏土、白浆土、轻碱土、荒漠灌耕土均可种植。土壤 pH 以 6.8～7.8 为最佳，微碱土壤可促进土壤中根瘤菌的活动，有利于大豆的生长发育。

⑤养分。大豆全株需氮量为 2.5%～3.5%，以结荚期吸氮量最大，苗期与成熟期吸氮量较小。大豆是需磷较多的作物，幼苗到开花期间对磷最为敏感，前期如能满足对磷的需求，后期缺磷也不致大幅度减产。所以磷肥做种肥和底肥最好，磷对促进大豆根瘤菌固氮作用十分重要，能增加大豆的单株固氮量，以达到以磷促氮的效果，当 100 克干土中有效磷含量在 15 毫克以下时，施用磷肥使大豆荚果饱满，有增产效果（图 8-7）。

图 8-7 滴灌大豆

(2) 栽培要点

①栽培制度。大豆重茬和迎茬减产严重，也不宜在其他豆科作物茬及油葵茬之后种植，以避免病虫害的严重发生。在轮作中加入大豆茬，可以使后茬作物获得丰产。

②土地选择。滴灌栽培对土壤的要求较低，因滴灌水流可使作物根系周围形成低盐区，有利于幼苗成活及作物生长，中度盐碱地可以利用并且也能获得较高产量。因此，土层深厚、土壤盐碱程度较轻、肥力中等以及土壤质地较差、养分较低的土地均可种植。

③播种技术。

a. 种子处理。播种前用福美双或大豆种衣剂进行拌种处理以防治病害，重茬地块需用耐重茬种衣剂拌种以防治重茬病害。

b. 播种时期。当 5 厘米土壤温度稳定在 10℃以上时可播种。滴灌栽培采用 60 厘米＋30 厘米宽窄行条播最佳，滴灌带铺设在两窄行之间，水分可有效地被根系吸收，以达到最佳节水效果。播种深度为 4～5 厘米，株距 6～7 厘米，播种量为每米下籽 18～20 粒，要求种子在播种沟分布均匀、减少断条，且覆土严密、镇压确实。

c. 滴灌带的选择和铺设。选用新疆天业节水灌溉股份有限公司生产的天业牌单侧边缝迷宫式薄壁滴灌带。播种同时，滴灌带迷宫面朝上，铺设在窄行之间，一根滴灌带灌两行大豆。铺管、播种一次完成。滴灌带铺完后，每隔 5～6 米用碎土将其压一下，或将滴灌带浅埋，以防风吹。播种后及时铺设支管，以便土壤墒情较差时，可及时滴出苗水，保证一播全苗。

④田间管理。

a. 疏苗匀苗。实行人工间苗、匀苗能提高大豆植株体内含糖量，有利于壮苗。在 2 片复叶期，逐行拔掉双苗，留单苗。做到匀留苗、留壮苗。

b. 中耕松土除草。利用滴灌技术，水分只渗透于作物根系，不易造成土壤板结，抑制杂草滋生和蔓延，可减少中耕次数及人工除草的工作量。苗期第一次中耕，耕深 15～18 厘米；定苗后，3～4 片复叶，第二次中耕，耕深 18～20 厘米。生长前期人工除草 1～2 次。

c. 及时灌水。播种后要及时滴出苗水，有利于达到一播全苗，滴水量为 25～30 米^3/亩。大豆喜水，初花期滴头水以后，每隔 7～10天滴一次水，灌水定额 15～20 米^3/亩，全生育期滴水 9～10 次，灌水定额约为 200 米^3/亩，比常规灌溉省水 40%左右。大豆开花到成熟期要保持窄行间湿润，不能出现土表干旱裂缝。当 14：00～15：00，植株上部叶片翻背，叶色暗绿，应及时灌水。对早熟、中早熟品种，由于植株生育期短，在开花初期可灌头水，以促苗早发。

d. 随水滴施肥。可溶于水的肥料在全生育期随水滴施，肥料可随水流直接到达根系部位，利用率高，易被作物吸收，平均可省肥 20%～40%。大豆苗期，随水滴施尿素 5 千克/亩，磷酸二氢钾 1～2 千克/亩。在盛花期至结荚期滴施 2～3 次，尿素 6～8 千克/亩，磷酸二氢钾 2～3 千克/亩，肥料每次滴施前和结束前，都要留出足够的清水滴放时间，确保肥料有效渗入土壤，避免肥料留存于土壤表面，造成浪费。

e. 叶面喷施。在大豆开花时，以钼肥和磷酸二氢钾配合喷施，用量为钼酸铵 20～25 克/亩加磷酸二氢钾 200 克/亩，搅拌溶解并过滤后，叶面喷施。滴灌技术能适时、准确地对大豆进行灌水，避免了常规大水量灌溉所造成的作物疯长。因此，可少用甚至不用植物生长调节剂来控制大豆植株的长势，降低投入成本。对于土壤肥力高、苗期生长旺的田地，可于大豆 4 片复叶及花期用 15%多效唑 20～25 克兑水 35 千克/亩进行叶面喷施，以防倒伏。大豆生长后期多效唑和叶面肥、杀虫剂可同时施用，但原则上多效唑、叶面肥、杀虫剂的总用量不能超过 500 克/亩，以防烧叶。

f. 人工收获。在大豆黄熟期 70%～80%叶片脱落，茎荚呈草枯色，种粒已与荚壁分离，种子达到半干硬，以手摇动植株有响声时即可收获。

g. 机械收获。在收获前应先人工收回滴灌带，整理好以备工厂回收。当豆叶基本落净，豆荚全干时，于上午 11：00 前或下午 6：00 后将联合收割机割台下降前移，割茬为 4～5 厘米。为防炸荚豆粒外溅，可在木翻轮上增钉帆布袋、橡皮条或改装成偏木翻轮，另外加高挡风板，将滚筒转速调整为 500～700 转/分，力争把收获损失率降到 1.6%，破碎率降到 4%以下。

85. 滴灌水稻研发的来历及已推广的范围如何？

从 20 世纪 50 年代开始，我国就有许多科学工作者不断地探索水稻节水栽培方法，农业部“九五”重点科研项目“水稻全程地膜节水栽培技术研究”“覆膜直播旱作栽培水稻研究”“地膜覆盖湿润灌栽培技术”等，都试图用“薄水层”“间歇淹水”和“半干旱栽培”等水稻旱作方式以打破水稻水作的传统种植模式，但都不能做到全生育期无水层栽培，而且都不能做到全程精准施肥和大面积机械作业，田间管理难度较大，抑制了大面积推广进程。

新疆是一个严重缺水的地区，1998 年膜下滴灌技术在棉花作物上成功应用并广泛推广。2002 年，时任国务院副总理李岚清在新疆天业（集团）有限公司视察节水器材生产车间时提出“能否种植滴灌水稻”这一大胆的想法，引起了新疆天业（集团）有限公司领导的重视。随后，天业农业研究所成立项目攻关团队，进行世界首创的膜下滴灌水稻栽培技术研究。在 2008 年小面积实验取得成功后，2009 年开始进入大田示范并连续 4 年平均产量递增 100 千克/亩。2011 年“膜下滴灌水稻机械化直播栽培方法”获得国家发明专利和新疆维吾尔自治区发明专利一等奖，2012 年获第十四届中国专利优秀奖。通过多年努力和攻坚克难的科研精神，新疆天业（集团）有限公司探索出一套世界首创的高产、高效、优质和生态的膜下滴灌水稻现代化栽培技术。该技术打破了水稻水作的传统，全生育期不建立水层，大幅度提高水肥利用率和土地利用率，降低肥料和农药对环境造成的危害，显著减少甲烷气体排放。同时，滴灌平台的建立大幅度降低劳动强度，实现了全程机械化和水肥一体化。

86. 滴灌水稻的节水综合效益如何？

由新疆天业（集团）有限公司历经多年研究出的膜下滴灌水稻栽培新方法改变了水稻水作的传统种植方式，实现了水稻全生育期田间无水层。比新疆传统水稻种植节水 60.7%、节肥 10.4%，土壤利用率提高 10%，有利于减少温室气体甲烷的排放，减少化肥和农药对环境的污染。这项新技术，目前在新疆、黑龙江、江苏和内蒙古等地发展迅速，高产高效节水效果显著，很受生产单位欢迎。全国水稻生产以插秧水稻、直播水田两种生产方式为主，膜下滴灌方式种植水稻，相比前两种栽培模式，在生产投入、产出方面有较大差异。不同农业生产地区由于地域差异等原因，膜下滴灌水稻种植收益情况也各不相同。

膜下滴灌水稻栽培技术的运用，实现节水 60%以上，提高土地利用率 10%（节省田埂、水渠等占地面积）；综合节省的水费、劳力费及减去地表滴灌器材的投入，每亩可增加经济效益 160 元以上。机械化栽培，既降低灌溉成本，也减轻农民负担，不仅增产还增收，同时摆脱了过去深水淹灌对水稻生产带来的各种弊端，如倒伏、病害、早衰和劳动强度大等限制水稻产业发展的制约因素。

87. 膜下滴灌水稻亟待解决的问题是什么？

在全球气候变暖、我国北方长期干旱少雨、南方季节性缺水的大背景下，发展以高效节水灌溉技术为平台的高产、优质、高效生态和安全的现代化农业是保障我国粮食安全和可持续增长的一个重要途径。膜下滴灌水稻的推广将有效解决南方地区种植水稻对生态环境的破坏，实现绿色、环保和安全水稻生产。

一方面，膜下滴灌水稻的品种还需要进一步进行筛选，针对抗旱性、抗逆性、品质、高产、籽粒大小等特性进行育种、扩繁，形成新的品系，并进行品种审定，形成自己的品种，再结合相应技术进行推广，有利于扩大适应区域和范围，进一步扩大示范面积。另一方面，膜下滴灌水稻如果去掉地膜覆盖，杂草防治问题较困难，覆盖地膜则白色污染问题依然存在。今后，将进一步使用降解膜和裸地滴灌栽培水稻进行滴灌水稻种植试验。

第九章

滴灌主要经济作物

88. 滴灌机采棉种植模式是什么？人工采棉和机采棉的经济效益哪个更好？

2018年北疆机采棉比例已占到80%以上，机采棉种植模式一般为一膜三管六行（膜宽1.3米）、二膜十二行（膜宽2.05米）、三膜十二行（膜宽1.3米），每幅膜上播6行，行距10-66-10-66-10-66（厘米），株距9～11厘米，每亩理论株数1.7万株左右。在株行距配置中，既要考虑棉花株行时空分布的合理性，又要尽量缩小滴灌带供水、供肥的半径距离，以减少水、肥输送的不均匀性，减小边行与中行棉株发育的差异，从而减少采摘中撞落损失，因此密度在1.7万株左右比较理想。

机采棉要求株高在70厘米左右，运用滴灌后，可以使棉花长势均匀，有助于化控和机械采收。

以下按照单产350千克/亩计算每采收1千克籽棉的采摘费用。

机械采摘费用：目前机采费第一遍采140元/亩，复采60元/亩，合计200元/亩，按单产350千克/亩算，每千克籽棉0.57元机采费，机采浪费按5%折算，籽棉机采费为0.61元/千克。

脱叶药剂及机械作业费用：脱叶费30元/亩，20元脱叶剂和乙烯利+10元机车打药机力费，此项每亩费用为0.09元/千克。

机采棉清理加工增加费用：0.3元/千克籽棉。同机采棉加工籽棉数量有关，加工量越大每千克加工增加费用越低，按目前最高加工费1吨增加300元计算。

以上费用合计：1元/千克籽棉。

人工采摘籽棉平均采摘费按2.5元/千克核算，同机采棉1元/千克相比，机械采摘综合成本比人工采摘低1.5元/千克，综合经济效益优势依然十分明显。

一般机采棉销售较手采棉低1～2个等级。

89. 新疆滴灌加工番茄穴盘移栽后的水肥管理措施是什么？

穴盘育秧是采用人工或机械方式把种子播在已经装满基质的相同大小孔穴规划集群的穴盘中发芽出苗，待幼苗长成后再移植到生产大田。要求基质保水性好、通气性好，营养含量丰富，没有对秧苗有害的土传病原微生物和草籽等。

加工番茄穴盘育秧可根据品种生育期长短和加工时间需要调整播期，延长采收和加工时间。穴盘育秧有利于实现番茄种植专业化、集约化和秧苗供应商品化。穴盘育秧的优点还有占地少，节省人力，便于精细管理，培育壮苗。秧苗根集中在穴盘基质中，根系发达，根毛多，移栽后缓苗期短、生长整齐、健壮、开花早、产量高。移栽时伤根少，根腐病等病原菌污染轻。

穴盘育秧移栽视秧龄、品种类型而定，北疆4月下旬至5月初进行移栽定植。加工番茄中熟品种一般秧龄40～50天，苗高15～20厘米时移栽。移栽后1天滴定植水，灌水定额300米^3/公顷(30毫米)。定植后7天，滴缓苗水，灌水定额300～400米^3/公顷(30～40毫米)。开花坐果期灌水2次，灌水定额350～400米^3/公顷(35～40毫米)。第一水根据土壤墒情和番茄长势适时滴水。盛果期至成熟期灌水4～5次，灌水周期5～7天，灌水定额400～450米^3/公顷（40～45毫米)。成熟前番茄对水分的需求逐渐降低，但仍然维持较高的灌溉水平，该阶段灌水3～4次，灌水周期5～7天，灌水定额300～375米^3/公顷（30～37.5毫米)。采收前一周停止灌水。

在加工番茄移栽、翻耕前施入 30～45 吨/公顷腐熟农家肥，磷酸二氢铵或硫酸钾 400～450 千克/公顷充分混匀后撒施，撒施后进行深翻，耕深 30 厘米左右。

在加工番茄生长过程中，将肥料分 6 次分别在初花期、盛花期、初果期、1 厘米果期、始熟期、成熟 20%果期灌水时随水滴入肥料。氮肥第一次、第二次分别滴 33～40 千克/公顷，后面 4 次施肥每次滴 40～47 千克/公顷，低产田可以再增加 5 千克左右的氮肥；中产田磷肥第一次和第二次分别滴 15～20 千克/公顷，后面 4 次每次滴 25～30 千克/公顷；中产田钾肥第一次和第二次分别滴 10～15 千克/公顷，后面 4 次每次滴 25～30 千克/公顷。

90. 滴灌甜瓜（哈密瓜）种植模式及栽培管理要点是什么？

（1）种植模式　滴灌毛管铺设在施肥沟的正中间，上面覆盖地膜，铺管覆膜机力或人力均可。采用幅宽 70 厘米或 90 厘米的地膜，膜上采光面不得小于 55 厘米。甜瓜（哈密瓜）种植模式布置如图 9-1 所示，窄行距为 50 厘米，宽行距为 200 厘米，滴灌带间距为 250 厘米。

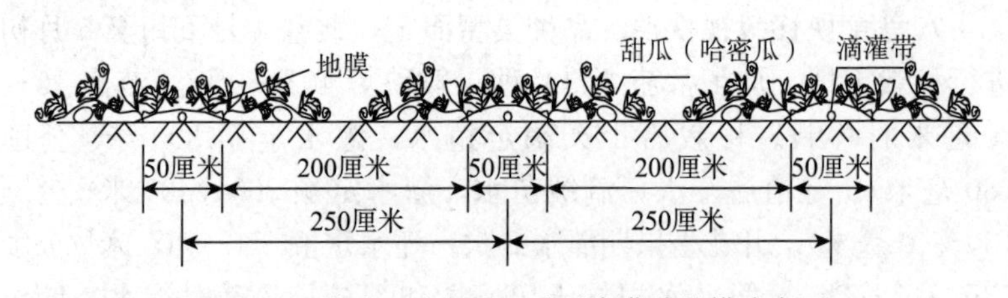

图 9-1　甜瓜（哈密瓜）膜下滴灌种植模式布置

（2）栽培管理要点

①选茬整地。甜瓜忌重茬，同时也不能选葫芦科、茄科以及甜菜茬，最好选休闲地或麦茬地。

②滴水。全生育期共滴水 11 次，铺管覆膜后，铺设支管并接

通毛管。滴播前水，灌水定额 20 米^3/亩。出苗后 10 天左右滴第一水，以后 7～10 天滴一次水，滴水量 15 米^3/亩，瓜成熟前 15 天左右停水。

③施肥。施基肥时按 2 米沟距开 20 厘米深小沟，将腐熟粪肥、饼肥分别以 1 500 千克/亩和 200 千克/亩混同表土一起撒入沟，然后用平土耙直平封沟。

施肥次数为 8～9 次，播前水每亩滴施碳酸氢铵 6 千克、磷酸二氢钾 1 千克和以硫酸锌为主的微肥 200 克。生长期每次滴水随水滴施碳酸氢铵 3 千克/亩和磷酸二氢钾 1 千克/亩。另外，普遍开始坐瓜时滴施硝酸钙 2 千克/亩。全生育期共滴施化肥 8 次，最后三次水不滴施化肥。

④整枝。采取单蔓一条龙整枝法。坐瓜前不打头只打杈，10 片真叶留子蔓结瓜，子蔓瓜坐稳后，瓜前主蔓 4 片真叶摘心，子蔓瓜前 1 片叶摘心，摘心要反复进行。第一次压蔓要将瓜蔓压向内侧，让两行瓜蔓在地膜上交叉生长。

⑤病虫害防治。采用膜下滴灌技术，加上茬口选择好，奠定了较好的防病基础，一般情况下较少发病。一旦遇到异常天气，霜霉病、白粉病、叶枯病、细菌性叶斑病等病害发生一定要及时防治。可用 70%代森锰锌可湿性粉剂或 58%甲霜·锰锌可湿性粉剂 500 倍液，波尔多液 1∶200 倍液，15%三唑酮（粉锈宁）可湿性粉剂 1 500 倍液进行喷洒，一周一次，连喷两次。虫害发生在坐瓜前，可随水滴施久效磷 100 克/亩进行防治，坐瓜后不可施内吸灭虫药物。

91. 滴灌甜菜种植模式及滴灌栽培的优势有哪些？

(1) 滴灌甜菜种植模式　根据土壤质地等情况不同，采用 180～200 厘米幅宽的宽膜，按照“一膜两管”，即一条塑料薄膜下铺设两条滴灌带播种四行甜菜，每条滴灌带滴灌两行甜菜；或采用 70～90 幅宽的窄膜，按照“一膜一管”，即一条塑料薄膜下铺设一条滴灌带播种两行甜菜。行距采用 30 厘米+60 厘米的宽窄行，为便于机械采收，也可使用 50 厘米的等行距配置模式，株距 20～23 厘米，保苗株数应该达到 9 万株/公顷左右。选择植株叶片、青头小和抗病性较强的品种。

(2) 滴灌栽培的优势

①土壤水分利用率提高。滴灌是微灌方式，水分可直接作用于甜菜根部区域，水分利用效率可提高 30%左右。滴灌能有效地控制土壤湿度，既湿润了土壤，防止了土壤因灌溉造成板结，保持了土壤的通气性，又不造成水分、养分的深层渗漏，形成了适宜的土壤水肥环境；不仅在前期有利于甜菜的齐苗、匀苗和全苗，而且还有利于甜菜生长中后期对肥水的定向调控，可达到高产高糖的目的。

②土壤物理效应改善。滴灌条件下土壤不易板结，土壤容重小于地表灌溉，土壤中较多的孔隙有利于为甜菜块根生长提供充足的空气，也有利于减小根系生长的机械阻力。在盐碱较重的土壤上种植甜菜，利用滴灌技术可以减少甜菜根系周围盐碱含量，有利于保苗增产。

③土壤肥力利用充分。在滴灌条件下，实施水肥一体化管理，肥料通过滴灌系统直接施入甜菜的根部区域，利用率提高，能及时满足甜菜在不同生长发育时期对养分的需要，减少环境污染。

④滴灌节省了人力。减轻了劳动强度，方便了田间管理，提高了劳动生产率。

92. 高品质滴灌线辣椒的需水规律是什么?

我国辣椒新疆产区年种植辣椒总面积达到 3.67 万公顷。年产干椒 25 万吨以上，干椒年产量占全国的 1/5。新疆的南疆地区面积大于北疆地区。种植主要分布在天山以南的巴音郭楞蒙古自治州及天山以北的昌吉回族自治州、伊犁哈萨克自治州和塔城地区。塔城地区以沙湾县的安集海镇为主，干椒种植面积达 3 400 公顷，占全镇耕地面积的54%，获得“中国辣椒之乡”的美称。

不同灌水量对线辣椒营养品质影响差异显著，开花期、坐果期和膨大期三个生育期的耗水量占全生育期耗水量的60%以上，坐果期耗水强度最大，是线辣椒对水分最敏感的时期，应保证线辣椒正常生长所需的水分和养分要求，全生育期耗水量呈现由低到高再降低的变化趋势。以新疆天山北坡为例，滴灌线辣椒全生育期灌水9次、灌溉定额3 540～3 750米^3/公顷为线辣椒膜下滴灌的最适宜灌溉制度。

播种后及时滴第一次水，5月下旬滴第二次水，水量可控制在20～25米^3/亩左右；当线辣椒有部分植株现蕾时，可滴水20～25米^3/亩并滴肥。进入6月中旬，线辣椒开始进入初花期随后挂果，气温较高，光照度大，植株蒸发量大，水分散失快，可每隔8～10天灌一次水，水量宜在20～30米^3/亩。6月下旬至7月线辣椒坐果期，保持土壤湿润状态，一般6～8天灌水一次，水量为20～25米^3/亩，视天气及线辣椒长势，需水高峰期可5～7天灌一次水，由于线辣椒的生长特性，灌水宜在傍晚或早晨进行。如果高温超过35℃且又无降水，必须灌水降温，否则会引起大量落花、落果。

93. 苜蓿的节水技术有哪些？

苜蓿属豆科作物，多年生，具有固氮作用，一年多次刈割，根系发达，耐旱、耐盐碱性强，需水量大，但频繁刈割将大量消耗土壤中的氮素，每吨苜蓿干草约带走27千克氮素；建植初期和刈割后，少量补氮有助于增强抗旱、抗病、抗寒、越冬能力。苜蓿需水强度3～8毫米/天，需水量地域性差异大，范围为400～2 250毫米。水分敏感性按生育期高低排序：分枝期、现蕾期、开花期和返青期。返青期应避免过早灌水而降低地温，分枝期为需水关键期，现蕾期为需水高峰期，耗水量与生产潜力呈高度正相关（每毫米水约产草1.5千克）。和田地区苜蓿年灌水400米^3/亩，刈割四茬，每亩产量可达1吨左右。在内蒙古半干旱地区刈割三茬的紫花苜蓿，全生长季内的年需水量约 508 毫米，每茬刈割后进行 60 千克/公顷的施肥处理。

苜蓿产业具有现代农业的规模化、机械化、标准化的生产特点，选择节水灌溉技术要考虑多种因素，要因地制宜推广不同的高效节水灌溉发展模式，通过试验、示范和推广的发展路径逐步推进。

(1) 苜蓿地表（浅埋）滴灌技术 地表（浅埋）滴灌技术采用普通滴灌带铺设地表或浅埋 2～3 厘米，间距 60 厘米，但苜蓿条播间距应为 15～30 厘米，地表可见水，维护容易，滴灌带在苜蓿每年的生长期内应冲洗滴灌 1～2 次以防堵塞。不适宜沙质土壤，受农机作业影响，容易压实或损坏。

(2) 苜蓿地下滴灌技术 采用专用滴灌管，埋深 30～40 厘米，间距 60 厘米，但苜蓿条播间距应为 15～30 厘米，节水、增产明显，不影响机械化作业，有利于刈割晾晒，地表干燥有利于控制杂草和害虫，可在晒草期灌溉，有利于返青。成本会比使用滴灌带高。因苜蓿多年生，滴灌管存在（带）堵塞及鼠虫咬问题，漏水点不易被发现，更换困难，需要选择防鼠虫咬的滴灌带（管）。由于滴灌带埋设于地表下 30～40 厘米处，通常地表 10 厘米不易湿润，因此苜蓿出苗需借助辅助灌水措施。一般漫灌或利用微喷设备灌水，确保全苗。

(3) 苜蓿喷灌技术 喷灌机属于大型设备，喷灌设备初期投资高，适合规模化生产，一个人可进行上千亩地的灌溉管理，可根据面积估算成本。存在滴水过程受风的影响大，喷水时蒸发损耗大的缺点。可以选择圆形喷灌机，每跨长度 54.5 米，有效控制面积 7.96 公顷，也可以选择平移式喷灌机。

94. 滴灌甘蔗的需肥规律是什么？

甘蔗产量“收多收少在于肥”的错误概念仍根深蒂固，现在存在氮、磷、钾三要素肥料的施用严重过量的问题。根据广西东亚糖业有限公司在东亚5个糖厂蔗区的试验，生产上氮、磷、钾的施用量分别超75%、50%、30%。过量施肥不仅提高了生产成本，而且直接导致肥料利用率低、农业生态环境污染严重等问题。可以使用滴灌技术种植甘蔗，改变肥料施用过量的问题。有报道指出，基于滴灌的甘蔗水肥一体化技术可增产19.2%～56.4%，节水30%～60%，减少肥料施用量90%（图9-2）。

图9-2　常规甘蔗与滴灌甘蔗长势对比

目前，指导广西甘蔗施肥的“三攻一补施肥法”是指充分利用甘蔗的生物固氮及土壤微生物固氮、解磷、解钾、促生等特性，进行合理施肥。根据甘蔗生物固氮酶活性前期较低、伸长期高的特性，在生产中氮肥的施用应集中在前期，以促进其早生快发，早伸长拔节；中后期主要是保证正常生长所需的水分和甘蔗生物固氮作用的正常进行，即可实现以水促肥、以水保肥，伸长期后不追氮肥，提高氮肥利用率。

甘蔗全期，每吨原料蔗吸收氮 1.5～2.0 千克，五氧化二磷 0.8～1.3 千克，氧化钾 1.5～2.3 千克。

水肥一体化滴灌模式追肥和前期的基肥要结合，如果前期没有基肥，对甘蔗的发芽、生根和出苗有一定的影响，出苗率显著低于施用基肥处理，基肥尤其要注重磷含量高并含有硫元素的测土配方肥。以广西滴灌甘蔗种植为例，甘蔗生育期的氮、磷、钾的适宜施用比例一般为 1∶0.5∶（1～1.2）。由于下种时施用化肥会严重抑制种茎萌发，降低萌芽率，而且甘蔗种茎内的营养能满足幼苗三片叶以前的生长需求，故最好在齐苗以后再施肥，有利于提高萌芽率，减少种茎用量，节约成本。苗期、分蘖期吸收三要素占总吸收量的 10%～20%。促蘖肥每公顷施尿素 90～135 千克，氯化钾 150 千克，磷肥已在基肥中全部施用，此后一般不再施磷肥。壮蘖肥每公顷施尿素 135～180 千克。甘蔗伸长期吸收三要素占全生育期吸收量 50%以上，应重视攻茎肥，每公顷施尿素 450～540 千克。

95. 滴灌烟草水肥管理重点是什么？

烤烟株行距配置为 60 厘米×120 厘米，每亩为 1 300 株左右，地膜宽度为 90 厘米，滴灌带铺设在地膜中间，采用一膜一管两行的布置方式，并在畦间隔带处取土，压实两边，并交叉向膜表面撒土，使薄膜能与地面紧密贴合，防止大风揭膜及地膜的机械损伤，以提高覆膜效果。

在 5 月上中旬，当日平均气温稳定在 12℃以上，地温达到 10℃以上，后期不再有晚霜危害时开始移栽。烤烟的苗龄 55～60 天，移栽时摘去低叶。一般采用水栽方式，按预定的株行距挖穴施肥，将土、肥混匀，浇水后趁水尚未完全渗透时栽苗，水渗下后立即撒上农药，栽后将垄顶烟苗周围土围成碟形，再把滴灌带与地膜一起铺设、覆盖，待气温适宜时，将烟苗破膜露出地面，用土将烟苗周围的膜封严。烤烟缓苗后立即查苗，发现缺苗及时补栽。

也可以在3月初进行播种，每亩烟田约需种子5克，将种子与细沙混合均匀。播前床土浇一次底水，水渗入后，将混合的细沙均匀撒播于畦面，上覆薄薄一层细土盖上种子即可，再用小板轻轻覆压一遍。滴灌烟草水肥管理的重点如下。

(1) 滴水　根据烤烟生长情况和天气条件，生育期总灌溉定额为30米^3，全生育期可滴水4～6次，可分别在5月15日出苗前、5月25日出苗后、6月5日和6月16日旺长期，每亩地每次灌水4米^3、6米^3、8米^{3}和12米^3；7月根据气候和生长情况可灌水2～3次，每亩每次灌水8～15米^3。

(2) 施肥　将用作基肥的肥料分为垄底和垄表两层施入，即起垄时在垄底开5～8厘米深的两条浅沟，将有机肥和部分速效肥料均匀地撒在沟内。然后翻土成垄，起垄后将欲施入的垄表肥于垄顶土表下15厘米左右开沟条施并整垄成形，或垄表肥结合烟苗移栽刨窝施入，即先将肥料与土混匀后再进行移栽。

农家肥按常规方法施入，化肥必须采用溶解性好的全部随水滴施（表9-1、表9-2）。结合整地每亩施腐熟有机肥1 500～2 000千克，磷酸二铵15千克，尿素10千克；随定植水每亩滴施尿素3千克和磷酸二氢钾1千克，以后每次每亩随水滴施尿素3千克，磷酸二氢钾1～2千克。最后一次追肥不能偏晚，一般应距收获30～40天，以免引起贪青。

表9-1　我国植烟土壤推荐施磷量

土壤速效磷含量（毫克/千克）	南方（千克/亩）	北方（千克/亩）
＜10	11.0	5.0
10～20	10	4.5
20～30	9	4.0
30～40	8	3.5
40～50	7	3.0

表 9-2　我国植烟土壤推荐施钾量

土壤速效钾含量 （毫克/千克）	南方 （千克/亩）	北方 （千克/亩）
<30	30	20.0
30～80	25～30	16～20
80～130	20～25	12～16
130～180	15～20	8～12
180～230	10～15	4～8

第十章

滴灌主要经济林果作物

96. 北方滴灌苹果施肥存在的主要问题有哪些？水肥管理要点是什么？

（1）北方滴灌苹果施肥存在的主要问题 目前，苹果树施肥中氮肥、磷肥施肥量大，钾肥施肥量不足，氮、钾比例严重不协调，使用的单质化肥占主导地位，碳酸氢铵、普通过磷酸钙仍在普遍施用，而复合肥、果树专用肥等配方肥料施用比例低至约10%。钙、硼、铁、锌等中微量元素和氨基酸、腐殖酸类叶面肥在苹果上施用的不多（不足10%），造成果实生理病害，如痘斑病、苦痘病、水心病等较大范围发生，同时影响其他肥料的吸收利用。另外，大部分果农一年只施肥一次或两次，且施肥基本在冬季、春季进行。

有机肥施用量不足，果园土壤有机质含量低，叶面肥使用不合理，叶面肥主要是用来补充果树通过根系难以吸收的肥料或快速经济补充少量高营养价值的肥料，一般推荐的叶面肥主要用于补充钙、镁等中量元素和硼、锌、铁、锰等微量元素。但大部分果农对此认识不清，施用叶面肥的果园90%以上主要用于补充氮肥、磷肥、钾肥这些主要通过土壤施用的肥料。

（2）北方滴灌苹果水肥管理要点 苹果园选用的灌溉模式与种植密度及土壤质地有关。对密植果园（如行距1米、株距3米，每亩220株）可以用滴灌、微喷带或膜下微喷带；对稀植果园（如每亩20～50株）可以用微喷灌或微喷带，特别是成龄果园安装灌溉设施以微喷灌最佳。滴灌时，对山地果园一般选用压力补偿滴灌，滴头间距 50～70 厘米，流量 2～3 升/时为宜，沿种植行在树下拉一条（从定植时开始安装）或两条（成龄后开始安装）滴灌管。以宁夏的 5～6 年滴灌苹果树为例，新红星苹果产量可达到为 6 240～8 320 千克/公顷。水肥管理要点如下。

①灌水。滴灌苹果树一般灌溉定额 3 450 米^3/公顷，全生育期灌水 11 次。一是萌芽前，根、茎、叶、花都开始生长，需水较多，发芽前充分灌水，对肥料溶解吸收、新根生长、开花速度和整齐度等有明显作用，通常每年都要滴 1 次芽前水，灌水定额为 300 米^3/公顷。二是花芽分化前及幼果生长始期，即 5 月末至 6 月上旬，需水不多，维持最大持水量的 60%即可，这是全年控水的关键时期，树木过于干旱时不灌或少灌，灌水控长促花。花期灌水定额 300 米^3/公顷，花后期滴水 2 次，分别为 300 米^3/公顷，花芽分化期需水量减少，滴水 2 次，灌水定额为 225 米^3/公顷。三是果实迅速膨大期，此期需水较多，此期水分多少是决定果实大小的关键，要供多而稳定的水分，但久旱供水太多易落果、裂果，果实膨大期滴水 4 次，灌水定额均为 300 米^3/公顷。四是成熟期滴水 1 次，灌水定额 225 米^3/公顷，采收前 20 天灌大水易降低果实含糖量。五是采果落叶期，秋施粪肥后，滴水 1 次，灌水定额 375 米^3/公顷，灌水促肥料分解，促秋根生长和秋叶光合作用，增加储藏养分，提高越冬能力。苹果树虽全年都需水，基本是前多、中少、后多。苹果树水分管理从苹果树萌芽前开始至施用秋季肥后结束，在这约 7 个月的时间内维持土壤处于湿润状态，通常滴灌要持续 3～4 小时。

②施肥。苹果生长对肥料有两个吸收高峰期：从春天开花到坐果是第一个吸收高峰期，果实膨大期是第二个高峰期。第一个高峰期氮的吸收量比第二个高峰期多，而钾在第二个高峰期吸收更多，磷肥吸收量全年基本平稳。萌芽开花期施肥主要作用是促进开花坐果和保证果树营养生长的需要。花芽分化期和果实膨大期施肥以氮、钾为主，配合磷肥，多在 6～7 月进行，这样既可保证花芽形成，又可保证果实膨大。秋施基肥多在 10 月上中旬采果以后进行，主要是促进树体复壮，储存足够营养，保证翌年花芽分化。

对弱树施基肥可增强树势，萌芽开花期施肥可促进新梢生长，但应适当增加氮肥施用量；旺长树枝干茂盛，结果很少，基肥施用应后移，在落叶前施用，花前肥在新梢停止生长时施用。结果过多的树，花芽分化期增施一次肥料，秋季施肥增加磷、钾肥用量；结果少的树，重点施秋肥；高产、稳产果树，三个时期氮、磷、钾肥配合施用。

滴灌苹果整个生育期，需要施纯营养元素肥共675米^3/公顷，全生育期共施肥8次。其中萌芽开花期施肥1次，施用75米^3/公顷（N∶P_2O_5∶K_2O为2∶1∶1）；花后期施肥2次，每次施用75米^3/公顷（N∶P_2O_5∶K_2O为2∶1∶1）；花芽分化期施肥1次，施用90米^3/公顷（N∶P_2O_5∶K_2O为2∶1∶2）；果实膨大期施肥3次，每次施肥90米^3/公顷（N∶P_2O_5∶K_2O为2∶1∶2）；成熟期施肥1次，施用90米^3/公顷（N∶P_2O_5∶K_2O为1∶1∶3）。

97. 荔枝滴灌系统如何布置？其施肥原则是什么？

（1）荔枝滴灌系统的布置　普通滴灌管（带）一般用于平地压力变化小的荔枝园，可选用0.3～1毫米壁厚的普通滴灌管。山地荔枝园必须选择压力补偿滴灌，可选用1毫米以上壁厚的滴灌管。滴头间距60～80厘米，流量2～3升/时。此流量的滴头下土壤湿润直径可达50～100厘米。滴头流量和间距大小与土质有关，沙性土壤宜选大流量、小间距，黏性土壤宜选小流量、大间距。沿种植行在树冠下铺设一条滴灌管，长度在150米以内。滴灌管线沿行向下铺设，为防日晒，PVC管要埋入土中，且注意不影响日常的农事操作，安装好后要对系统压力进行调试，以保证田间出水的均匀性。对于施肥的调试主要是确定施肥时间，特别是通过密闭施肥罐施肥。调试方法是监测开始施肥后出水器处电导率的变化，当施肥后出水口的电导率与灌溉水的电导率相同时表明施肥完成。

（2）施肥原则　荔枝生长发育需要吸收16种必需营养元素，从土壤中吸收最多的是氮、磷、钾。荔枝是喜钾果树。荔枝对养分吸收有2个高峰期：一是2～3月抽发花穗和春梢期，对氮的吸收最多，磷次之；二是5～6月果实迅速生长期，对氮的吸收达到高峰，对钾的吸收也逐渐增加，如果养分供应不足，易造成落花落果。荔枝一般主要有促梢肥、花前肥、壮果肥和采果肥。

①促梢肥。一般在幼龄树定植1个月，待第一次新梢老熟后，萌发第二次新梢时即可开始滴灌施肥。幼龄期荔枝树根系不够发达，一次不能吸收大量肥料，施肥要遵循“勤施薄施”原则，肥料采用“少量多次”进行淋施或滴灌施用，肥料应先稀后浓，用量随树冠的扩大而逐步增加，二年生树施肥量可比一年生树翻倍。在生长季节应做到“一梢二肥”或“一梢三肥”，以增加荔枝根量、促梢和壮梢。“一梢二肥”即在新梢萌发和转绿时各进行一次根际施肥和叶面喷肥。在枝梢顶芽萌动时施第一次肥促使新梢正常生长，所施肥料为以氮为主的速效肥；当新梢伸长基本停止、叶色由红转绿时进行第二次施肥，促使新梢迅速转绿，提高光合作用能力和营养物质的积累，增粗枝条，增厚叶片；在新梢转绿后施第三次肥，加速新梢老熟，缩短梢期，以促进新梢的萌发。幼年树促梢、壮梢肥以氮肥为主，配合适量的磷、钾肥，其比例纯氮（以N计）、纯磷（以P_2O_5计）、纯钾（以K_2O计）分别为60%、15%、25%。

②花前肥。施花前肥可促进花芽分化及花穗发育，减少落花落果，提高坐果率，延迟春季老叶衰退。一般在开花前25～30天的花器分化期进行，以磷、钾肥为主，配施氮肥。施肥量视树势强弱及上年挂果多少而定。磷肥占年施肥量的25%～30%，氮、钾肥占年施肥量的20%～25%。对结果量多的弱势树，可适当增加氮肥施用量。

③壮果肥。施用壮果肥的主要目的是及时补充花期的养分消耗，减少第二次生理落果，促进果实膨大，为秋梢萌发储备养分于花蕾期每株施鸡粪15～25千克、过磷酸钙1.0～1.5千克、硫酸钾0.5～1.0千克、硼砂20克、硫酸锌20克、硫酸镁50克。宜注意控制氮肥用量，以免刺激营养生长，加重生理落果。在晴天，每天

滴灌2小时，保持土壤湿润。

④采果肥。施采果肥在于增强和恢复树势，促发秋梢，培养健壮的秋梢结果母枝，为来年奠定丰产的基础。施肥一般在采果前后分2～3次进行，以氮肥为主，配施磷、钾肥；着重施用腐熟豆饼、花生饼及人畜粪尿等有机肥，配施尿素、三元复合肥。氮肥施用量占总施肥量的45%～55%，磷、钾肥分别占20%～35%。可通过叶面施肥补充钙、镁、硼等微量元素。

对于第一次用灌溉系统施肥的用户，化肥用量在往年的基础上减少一半，减半后每次施用量遵循少量多次的原则，一般“一梢三肥”，抽梢前、抽梢后、梢老熟时各施一次，以氮、镁为主；果实发育期每10天施一次，以氮、钾、钙为主。

98. 滴灌枣树冻害产生的原因和防治措施有哪些？

(1) 滴灌枣树冻害发生的原因

①气象因素。气温突变和持续低温会造成冻害。

②栽培管理不当。夏季修剪等技术措施落实不到位，一次枝长到30～50厘米没有及时摘心的；或只摘心一次，致使一次枝木质化程度不高。

③冬灌。枣树在11月浇冬灌水，枣树体内含水量高，造成冻害的可能性升高。

④防御措施不完备。防护粗糙，树干包扎松散、不紧实，包扎长度低于25厘米，均可造成枣树受冻害。

⑤品种原因。在相同条件下，抗逆性由强到弱依次为灰枣、赞皇大枣、冬枣、鸡心枣；冻害率由低到高依次为灰枣2%、赞皇大枣9.2%、冬枣9.7%、鸡心枣50.3%。

(2) 冻害的防治措施

①树干刷石灰。冬季给树干刷石灰，除具有保持树干温度和水分的作用外，还有防寒、防病虫、防晒、防止树皮被动物咬伤等作用。灰浆的配制方法：将3.0千克石灰、1.0千克硫黄粉、1.0千

克食盐、0.2 千克食油、0.1 千克面粉、15 千克水倒入塑料桶搅匀即可，刷涂树干时要边搅动边刷灰。各种原料的作用：石灰和硫黄粉既能防冻又能防治病虫；食盐能渗入枣树皮层保持水分及防止石灰流失；面粉和食油能够增加灰浆的黏着性。

②包裹树干。深秋或寒冬来临前包裹树干可有效提高树体的抗寒力。用稻草、干芦苇、草袋、麻袋等材料，把枣树树干 40 厘米以下包好，包裹时要包扎特别紧实，不能松散。

③加强栽培管理。保证树体通风透光，促进器官和组织木质化。控水和控肥，在枣树萌动后 4 月下旬滴 1 次水，5 月中旬和 6 月下旬各滴 1 次水，每次滴水 525 米^3/公顷（仅滴枣树行）。适时夏季修剪，枣头抽生一次枝有 4～5 个，二次枝为 30～50 厘米时进行摘心，且反复摘心控制长势，促进其木质化。冬灌早结束，10 月上旬结束冬灌（漫灌），严禁 10 月中旬以后灌水和带冰碴子灌水，提高抗逆性。合理搭配品种，以灰枣为主栽品种，适当搭配一些抗逆性强的赞皇大枣和冬枣。

99. 滴灌茶树栽培管理技术要点有哪些？

茶树既怕旱又怕涝，需水量比一般树木要多，要求在年降水量 1 000～2 000 毫米、空气相对湿度 80%以上地区生长。有研究认为，年降水量 2 000～3 000 毫米、生长季月均降水量 200～300 毫米、空气相对湿度 80%～90%和土壤田间持水量 70%～80%的环境条件，最适宜茶树的生长发育。

需要建立排蓄水系统，在茶园四周设置隔离沟，深 80～100 厘米，宽 50～100 厘米；园内每隔 40～50 米设置横水沟（坡地等高修筑），深 60～70 厘米，宽 50～60 厘米；道旁设置纵水沟，深 70～80 厘米，宽 60～70 厘米；横水沟与纵水沟相接，相接处设沉沙凼。

滴灌茶树每次滴灌用水量为 122～525 米^3/公顷不等，比传统灌溉节水 30%～60%。在实际使用时，可结合生产情况、气候条件、地理环境等调整用量。

滴灌时期需要根据当地的气候条件和茶树的生长情况进行判断，一般在茶园旱季（中国南方一般为春、秋两季）进行滴灌，通常需要在雨季结束后的5～7天开始滴灌，保证茶园土壤中的水分含量在25%左右，以利于茶树正常生长。可用土壤张力计进行测定，表土层下20厘米土层的土壤张力高于－20千帕时开始进行滴灌，如果土壤张力一直维持在－20千帕以下，则需要减少水分施入。滴灌的次数和周期随意性较大，每年滴灌两次到多次不等。一般认为，在降水偏少的季节，每隔4～5天进行一次滴灌，无论是在沙性土壤或者黏性土壤，当水分施入不再有水分补充的5～7天后，土壤中水分含量会下降到20%左右，此时的土壤含水量就不能满足茶树的正常生长。每次滴灌持续的时间、水流量也相差较大。毛管的水流量应当控制在2～2.5升/时（滴头间距在25～75厘米）、持续4小时，对于茶园中水分的均匀分布和径向运动最为有效，能够保证水分的渗透形成一个径向28～50厘米、深度30～40厘米的水渍湿润带，以保证土壤水分含量在22.35%～27.83%。

沼液肥是当前水肥一体化研究中重要的肥料种类。研究发现，沼液中有机质含量为40%～55%，氮、磷、钾的含量分别为1.2%、0.8%、1.2%，可促进发芽、提早采摘，此外还含有腐殖酸等抗生性活性物质，能够有效地抑制病虫害的发生，尤其是在茶树种植过程中对茶炭疽病和螨虫的抑制效果最好。沼液中的重金属含量符合有机肥的限量指标，是一种安全的有机肥，施用沼液能改善土壤性质，防止茶园土壤过度酸化，对于平衡施肥有着重要的作用。沼液肥每亩用量范围较广，为500～8 571千克不等。施用时期随意性较大，基本每个月都可以施用，每年施1～7次不等。从施用方式看，根灌、滴灌、叶面喷施都可以。

如果茶园中单施沼液肥，平均每亩施用3 000～4 000千克效果最佳，每次每亩施用500～1 000千克，按照1∶1的水肥比例进行稀释后，每年施用3次，有利于提升茶叶品质和茶树对矿质元素的吸收。采用沼液＋复合肥共施能够提高茶树营养供应的速效性，同时保证茶园土壤持续供应营养，每亩 50%化肥＋50%沼液肥（尿素 0.15 千克＋复合肥 0.225 千克＋液 257 千克）更能促进茶树生长，增加茶叶产量。

100. 甘肃西部地区滴灌葡萄水肥技术有哪些特点?

全生育期灌水前促后控，促使幼芽生长健壮，萌芽期至坐果前滴水 2 次，间隔时间 15～20 天，每次滴水量 300～375 米^3/公顷；初果期至果实膨大期滴水 8～10 次，间隔时间 6～8 天，每次滴水量 225～375 米^3/公顷；着色成熟期滴水 2～3 次，间隔时间 12～15 天，每次滴水量 300～375 米^3/公顷，全生育期共滴水 12～15 次。如遇降水适当调整滴水时间和滴水量。冬灌于埋土 10～15 天前进行，灌水定额 1 800～2 100 米^3/公顷（表 10－1）。

表 10－1　甘肃西部地区滴灌葡萄全生育期灌水定额及分配

萌芽期至坐果前			初果期至果实膨大期			着色期至成熟期		
灌水定额（米^3/公顷）	次数	间隔天数	灌水定额（米^3/公顷）	次数	间隔天数	灌水定额（米^3/公顷）	次数	间隔天数
600～750	2	15～20	2 250～3 000	8～10	6～8	750～900	2～3	12～15

秋天是施基肥的时候，施有机肥 15～20 千克/公顷，复合肥 400～450 千克/公顷。距植株 40 厘米处一侧开沟施入，沟深 30～40 厘米，每年交换位置。

萌芽前、果实膨大期喷施硫酸锌和硫酸镁，浓度分别为 0.2%～0.3%和 0.5%～1.0%，花芽分化期喷施硼酸钠或硼酸钾 1 次，浓度 0.1%～0.2%，EDTA 螯合铁 1～2 次，浓度 0.1%～0.2%。

萌芽期至花期施肥以氮、磷为主，适当配施钾肥，分 2 次滴施；初果—果实膨大期是葡萄需肥最多的时期，施肥以氮为主，配施足量的磷、钾肥，分 7～8 次滴施；着色期至成熟期主要是提高果实品质，施肥以钾肥为主，配施适当的氮、磷肥，一次性滴施（表 10－2）。

表 10-2　甘肃西部地区滴灌葡萄生育期肥料分配

生育期	纯养分量（千克/公顷）			比例（%）			滴肥次数
	N	P_2O_5	K_2O	N	P_2O_5	K_2O	
萌芽期至花期	75～90	56～75	68～79	20	25	15	2
初果期至果实膨大期	263～315	124～165	203～236	70	55	45	7～8
着色期至成熟期	38～45	45～60	180～210	10	20	40	1

101. 阿克苏地区核桃滴灌种植技术是怎样的？

(1) 种子准备

①采种。应选择当地无冻害和病虫害、厚壳核桃实生树作为采种母树。当年采，翌年春季用。秋季当果实青皮裂开一半时采收，剥去青果皮，在阳光下晾晒 5～7 天，挑选饱满的核桃作为种子，装入编织袋置于通风冷凉处储存。

②春播前种子处理。在播前 10 天进行浸种，用冷水浸泡种子 8～10 天，每 2～3 天换水一次，翻动一次。部分种子吸水膨胀裂口时，于晴天中午取出，阳光下晾晒 2 小时，种壳开口的即可播种。

③用种计算。按照 1 米×5 米株行距进行人工点播，每穴 1 粒种子，每公顷用 2 000 个核桃种子，一般按照每千克 70 个核桃种子计算，理论上每公顷用种量 28.57 千克。但在实际生产中，核桃发芽率一般在 70%左右。因此，每公顷需准备核桃种子 40.81 千克左右。根据品种，株行距可以调整。

(2) 园地准备　选择向阳、地势平坦、土层深厚、土壤肥沃、地下水位低（低于 1.5 米）、防护林完备、灌溉条件好的沙质土壤建园。于播种前 1 年秋季灌足冬水，春季每公顷施完全腐熟的农家肥 60 米^3，然后进行深翻、整地，做到齐、平、松、碎、墒、净、直。

(3) 播种　阿克苏地区一般在 4 月上旬播种核桃。播前每公顷施磷酸二铵 300～375 千克，耕翻、耙平，要求土壤细碎。间作园需留出 1.5 米以上的保护带。按照 3 米×5 米的株行距进行播种。采用膜下滴灌技术。播种后，利用机械按照 5 米的行距，平地覆 80 厘米宽的膜，铺设滴灌带。

(4) 滴灌系统 总管直径 25 厘米，干管直径 15 厘米，支管直径 10 厘米，地表毛管直径 2 厘米。总管按地块短边地头铺设，埋深 1.5 米以下，覆盖面积 20～26.7 公顷，每小时可供水 1 000～2 000 米^3；干管与总管垂直设置，干管间距 80～10 米，埋深 1.2 米以下；支管与干管垂直设置，支管间距 40～50 米，埋深 40～50 厘米；地表毛管按地面作物实际种植行布设，滴水孔与核桃播种点吻合。

(5) 播后管理 核桃播种时覆土较厚，出苗期长，为确保膜下墒情，间隔期 15 天左右需专为膜下核桃种子滴灌 2～3 次。5～7月是苗木生长的关键时期，一般需滴水 4～5 次。土壤封冻前灌足冬水。5～6 月结合灌水，滴施氮肥 2 次，每次配施尿素 75～150 千克/公顷，7 月追施 1 次复合肥，施肥量为 150 千克/公顷，结合滴灌进行滴施。幼苗生长期间还可进行根外追肥。6 月至 7 月上旬喷洒 2～3 次 0.3%～0.5%尿素，8 月叶面喷洒 0.5%磷酸二氢钾 2 次。7 月 15 日开始停止施氮，8 月底控制灌水，并及时抹除秋梢促进枝条成熟，保证幼树安全越冬。8 月下旬停水后，将地膜、滴管全部收掉。土壤封冻前进行埋土防寒，一般用干土埋，埋土厚度 30 厘米以上。第二年 3 月 10 日左右，土壤解冻后，去土扶正苗木，耙平土地。另外需注意的是，播后前 4 年以间作经济作物棉花为主，第五年以后间作小麦。在与棉花间作期间要加强红蜘蛛的防治，应于 6～7 月喷施 50%螨死净胶悬剂 4 000 倍液。

102. 南方丘陵地区滴灌柑橘栽培管理技术要点有哪些？

定植时使用滴灌，一般沿种植行铺设一条滴灌管，滴头间距 40～70 厘米，流量 1～3 升/时。一般成龄树安排 4～6 个滴头，滴头数量与树冠大小有关。

（1）灌水

①萌芽坐果期（3～6 月）。萌芽坐果期需水量大，但此时也容易出现水分过多，通气不良的情况，从而抑制根的生长，应注意及时排水；柑橘开花坐果期对水分胁迫极为敏感，遇高温干旱容易导致大量落花落果，此时应注意及时灌水或喷水，降温增湿。

②果实膨大期（7～9 月）。果实膨大期柑橘叶片光合作用旺盛、果实迅速膨大，需水量大。南方各省正值梅雨季节过后容易发生干旱的时期，当土壤水分含量低时必须及时灌溉。

③果实生长后期至成熟期（10～12 月）。果实生长后期至成熟期土壤水分对果实品质影响较大，果实采收前 1 月左右停止灌水。果实进入成熟期适当控水，能提高果实糖度和耐储性，促进花芽分化。

④生产停止期（采收后至翌年 3 月）。生产停止期气温较低，蒸腾量小，降水量也少。果实采收后，树体抵抗力减弱，尽管已处于相对休眠状态，但若连续干旱，容易引起落叶，影响翌年产量。一般应在采收后结合施肥充分灌水，如连续干旱 20 天以上应继续灌水一次。

（2）施肥　一般来说，柑橘一年要抽 3～4 次梢，结果多，落果也多，挂果期长（一般在 5 个月左右），要消耗大量的营养物质。综合各地研究资料，每生产 1 000 千克柑橘果实需氮 1.18～1.85 千克、五氧化二磷 0.17～0.27 千克、氧化钾 1.70～2.61 千克、钙 0.36～1.04 千克、镁 0.17～1.19 千克，硼、锌、锰、铁、铜、钼等微量元素 10～100 克。

在水肥一体化技术条件下，更加关注肥料的比例、浓度，而非施肥总量。通常建议“一梢三肥”，即在萌芽期、嫩梢期、梢老熟期前各施一次肥；果实发育阶段多次施肥，一般半月一次。

冬季挖坑，可每株施腐熟有机肥 30～60 千克、硫酸镁 0.15 千克。

花期滴灌施肥 3 次，每亩每次施尿素 4.1 千克、工业级磷酸一铵 2.7 千克、硫酸钾 3.3 千克。幼果期滴灌施肥 3 次，每亩每次施尿素 4.9 千克、工业级磷酸二氢铵 3.2 千克、硫酸钾 4.0 千克。生理落果期滴灌施肥 3 次，每亩每次施尿素 3.3 千克、工业级磷酸二氢铵 2.4 千克、硫酸钾 6.6 千克。果实膨大期滴灌施肥 3 次，每亩每次施尿素 2.0 千克、工业级磷酸二氢铵 1.4 千克、硫酸钾 3.9 千克。果实成熟期滴灌施肥 1 次，每亩每次施尿素 2.8 千克、工业级磷酸二氢铵 2.0 千克、硫酸钾 5.5 千克。

春梢萌芽期，叶面喷施 1 500 倍活力硼叶面肥；谢花保果期，叶面喷施 1 500 倍活力钙叶面肥；果实膨大期，叶面喷施 1 500 倍活力钙叶面肥 2 次，间隔期 20 天。

第十一章

滴灌设施作物

103. 设施作物生长发育所需的环境条件是怎样的?

日光温室是节能日光温室的简称，又称暖棚，由两侧山墙、维护后墙体、支撑骨架及覆盖材料组成。这是我国北方地区独有的一种温室类型，在室内不需加热，而是通过后墙体对太阳能吸收实现蓄放热，维持室内一定的温度水平，以满足蔬菜作物生长的需要。一般自然增温、保温效果可以使温室内气温上升 5～10℃。

在自然条件下，石河子区域日光温室可适合作物生长的时段为 4～9 月；和田区域为 3～11 月。

若采取人工补温措施一般每平方米暖风机散热片可为 2 米^{2}种植面积增温 1～5℃，火道或散热器增温 1～10℃，标准配备散热器增温 5～20℃。

如果人工补温能达到增温 5～20℃的效果，日光温室适合作物生长的时段可至少提早、延后各 1 个月。

不管是在自然条件下，还是在人工补温条件下，日光温室适合作物生长的时段即是滴灌系统特别是地面管可以正常使用的时段。

如果日光温室鲜食番茄种植整个生长期为 130 天（在 3 月 1 日定植，7 月 10 日拉秧结束），只要有一天出现冻害，可能造成减产 20％～50％的损失。如果种植菜椒整个生长期为 120 天（在 3 月 1 日定植，6 月 30 日拉秧结束），只要有一天出现 40～50℃的高温危害，可能造成 50％～80％的落花落果率。滴灌系统的作用也会相应削弱。

104. 设施作物种植的基本方式与根系生长特点是怎样的?

(1) 设施作物种植的基本方式 各种植方式、密度可根据品种、季节等因素的不同而调整。

①番茄。行株距 0.6 米×0.33 米，3 367 株/亩。每穴种单株。一垄双行，南北向起垄、沟心距 1.2 米，垄背宽 0.7 米，沟宽 0.5 米，滴灌带间距 0.35 米，垄高 0.25 米，覆盖宽 1.2 米地膜。

②辣椒。行株距 0.5 米×0.3 米，4 446 穴/亩。每穴种双株。一垄双行，南北向起垄、沟心距 1.0 米，垄背宽 0.6 米，沟宽 0.4 米，滴灌带间距 0.3 米，垄高 0.25 米，覆盖宽 1.0 米地膜。

③草莓（秋栽）。行株距 0.5 米×0.25 米，5 336 株/亩。每穴单株。一垄单行，南北向起垄、沟心距 0.6 米，垄背宽 0.2 米，沟宽 0.4 米，滴灌带置顶，垄高 0.35 米。移栽成活后覆盖宽 0.9 米地膜。

④葡萄（双“十”字 V 形架）：行株距（1.2～1.5）米×2.5 米，178～222 株/亩。南北向单行种植，栽植后沟底宽 0.6 米、上口宽 1.0 米，沟深 0.3 米。铺设滴灌带，覆盖宽 1.2 米地膜。

(2) 设施作物根系生长的特点 地膜覆盖下的滴灌栽培方式（简称膜下滴灌）是滴灌设施作物栽培技术的基本平台，与不同作物及其不同生长阶段根系生长的特点与分布有密切关系。

番茄苗期根系深 5～15 厘米，初花期 5～30 厘米，盛花期毛根多达 100～120 条、垂直分布 5～40 厘米、水平分布 20～30 厘米，主要分布在 35 厘米土层。

辣椒苗期根系深 5～15 厘米，开花结果期根系垂直分布 15～25 厘米，水平分布 30～45 厘米。

草莓植株根系属茎源根系，由短缩茎上发生的初生根及初生根上发出的侧生根组成。一般健壮植株可发出 20～50 条初生根，多的可有 100 条以上。苗期根系深 5～10 厘米，开花结果期根系深

5～20厘米。

葡萄一年生嫁接苗主根4～6根、长约20厘米，分布范围30厘米×30厘米。成株垂直分布深度一般为10～80厘米，多集中于15～40厘米深度，少量达3米以上；水平分布一般距主干两侧90厘米内，部分达1～2米。根系分布主要与水分、养分等生长条件以及土壤质地和树龄有密切关系。

105. 设施蔬菜栽培滴水方案如何确定？

在滴灌条件下，适宜的灌溉量要根据土壤的田间持水量、作物萎蔫系数、土壤容重、土壤质地、滴灌深度等来确定。

（1）田间持水量　田间持水量指在地下水较深和排水良好的土地上灌水或降水后，允许水分充分下渗，并防止水分蒸发，经过一定时间，土壤剖面所能维持的较稳定的土壤水含量（土水势或土壤水吸力达到一定数值），是大多数植物可利用的土壤水上限。

（2）萎蔫系数　萎蔫系数指生长在湿润土壤上的作物经过长期干旱后，因吸水不足以补偿蒸腾消耗而导致叶片萎蔫时的土壤含水量。显然，萎蔫系数是决定作物灌溉的下限。

（3）土壤容重　土壤容重应称为干容重，又称土壤假比重，一定容积的土壤（包括土粒及粒间的孔隙）烘干后质量与烘干前体积的比值。

在壤土条件下，滴水3小时后膜外行间土壤含水量为10%～20%（干旱态），膜内边缘为20%～30%，栽苗处30%～40%（适中），滴灌带两侧40%～50%（过湿），滴孔处50%～60%（明水）。持续保持30%～40%的土壤含水量是较佳的范围。

106. 设施蔬菜栽培水肥一体化如何运筹与调整？

（1）水肥一体化运筹　根据作物施肥量、生长发育阶段与节奏、水分在土壤中的运移规律设计水肥一体化操作（简化）。

滴灌施肥按 $N:P_2O_5:K_2O=20:10:20$ 全溶性滴灌肥规格每亩预备 100 千克，钙、镁、锰、锌等中量元素和微量元素 50 千克。

以番茄种植实施水肥一体化操作的滴水量与施肥量为例，按番茄目标产量每亩 10 吨（留 5 序果）测算，在现有基肥的基础上（3 米^{3}EV 菌腐熟羊粪＋30 千克低含量磷酸二铵＋20 千克重过磷酸钙），在生长期需要施 $N:P_2O_5:K_2O=20:10:20$＋中微量元素的滴灌肥 125 千克＋磷酸二氢钾 60 千克（未计算肥料利用率和水利用率的损耗）。

开花前以营养生长为优势，滴水 2 次，每次滴水 3～4 小时（使用 30 厘米滴头间距和 2.1～2.4 升/时滴水量），滴水量 20～25 米^3/亩。每次随水滴施大量元素（氮、磷、钾）＋中量元素（钙、镁）、微量元素（锰、锌、钼、硼）10～11 千克，间隔 7～10 天。

花期与果实膨大期至采收前期，滴水 5～6 次，每次滴水 4～6 小时（使用 30 厘米滴头间距和 2.1～2.4 升/时滴水量），滴水量 25～30 米^3/亩。每次随水滴施大量元素＋中量元素、微量元素 10～11千克，间隔 5～6 天。

果实采收后期，滴水 2 次，每次滴水 4～5 小时（使用 30 厘米滴头间距和 2.1～2.4 升/时滴水量），滴水量 25～30 米^3/亩。每次随水滴施大量＋中量元素、微量元素 5～6 千克，间隔 7～10 天。

（2）作物缺素症的诊断 作物正常生长发育需要吸收各种必需的营养元素。任何一种营养元素缺乏，都会导致其生理代谢功能发生障碍，使根、茎、叶、花或果实在外形上表现出一定的症状。依据不同的症状，可以识别出作物缺乏何种营养元素。

氮、磷、钾、锌、镁等元素，在植物体内能够被再度利用。一旦缺少，可以从老叶转至新叶。所以，这些元素的缺素症首先从下部老叶表现出来。缺氮或缺磷叶片等组织器官上一般不产生病斑。缺氮新叶淡绿，老叶黄化枯焦、早衰。缺磷茎叶暗绿或呈紫红色，生育期延迟等。缺钾、缺锌或缺镁叶片等组织器官上容易出现病斑且叶脉间失绿。缺钾叶尖及边缘先焦枯、出现斑点，症状随生育期加重、早衰。缺锌叶小簇生，一般主脉两侧先出现斑点，生育期延迟。缺镁叶脉间失绿，可见清晰网状脉纹、多种色泽斑纹或斑块。

钙、硼、硫、铁、锰、铜等元素在植物体内不易被再利用，缺素症最先在上部新生组织上表现出来。缺钙或缺硼很容易出现顶芽枯死。缺钙叶尖弯钩状，并相互粘连，不易伸展。缺硼叶柄变粗、易开裂，花器官发育不正常，生育期延迟。缺硫新叶黄化，失绿均一，生育期延迟。缺铁叶脉间失绿，发展至整片叶淡黄或发白。缺锰叶脉间失绿，出现细小棕色斑点，组织易坏死。缺铜叶片生长畸形，斑点散布在整片叶上。

(3) 通过作物缺素症诊断调整施肥方案　根据土壤肥力、不同种类、不同作物品种及其各生育期所需养分状况，采取不同的施肥方式，制订施肥方案给作物提供各种必需的营养元素。这只完成了第一步，还必须通过对作物缺素症的观察与分析，对症不断补充完善与调整施肥方案，最终才能获得适用的水肥一体化方案。

107. 滴灌栽培设施作物土壤次生盐渍化的危害与治理措施有哪些？

设施土壤次生盐渍化是国内外设施栽培普遍存在的技术重点和难点，限制了设施栽培的规模化、产业化，严重制约我国设施栽培的可持续发展。设施土壤发生次生盐渍化导致农作物品质、产量下降，甚至死苗，地下水硫酸盐含量超标、周围水体富营养化，间接威胁居民饮用水安全。次生盐渍化严重的设施土壤直接荒置不用，造成我国土壤资源的浪费。设施土壤次生盐渍化已经成为我国现代农业发展进程中亟待解决的农业问题。

(1) 滴灌设施作物土壤次生盐渍化的测定　在石河子市北郊日光温室采用滴灌种植蔬菜数年后测定表明，0～10 厘米土层土壤含盐量最低为 0.15%，最高为 1.9%，与同层无滴灌土样含盐量 0.14%相比有明显升高，土壤达到轻度盐化；10～20 厘米和 20～

30厘米土层的土壤含盐量平均为0.19%，为非盐化土。膜下滴灌栽培条件下滴头下方各层土样总含盐量明显高于滴头间各层土样总含盐量，均显现出地表次生盐渍化；膜下滴灌土壤盐分主要积聚在滴头下方0～10厘米土层土壤中（但该土层土壤pH由8.5下降至7.2）。

日光温室和塑料大棚连续多年滴灌可导致地表土壤总盐含量每年上升幅度达11%以上。

（2）设施土壤次生盐渍化对作物的危害 设施土壤次生盐渍化主要导致作物生理性干旱，即作物根系渗透压小于土壤渗透压，作物根系对水分、养分吸收不良，打破作物体内水分、养分平衡。一般来说，种植3年左右设施土壤会发生不同程度的次生盐渍化，阳离子以Ca^{2+}为主，阴离子以NO_3^-为主。在设施土壤较干旱条件下，土壤表层出现斑白盐霜；在土壤较湿润条件下会出现紫红色胶状物，这种紫红色的胶状物其实是设施土壤次生盐渍化的一种指示性藻类，称为紫球藻。

设施土壤发生次生盐渍化，土壤含盐量小于0.3%时，少数作物会出现盐害现象，如草莓；土壤含盐量在0.3%～0.5%时，作物根系生长发育受阻，植物萎蔫并发生其他相关生理病害，如番茄脐腐病；土壤含盐量在0.5%～1.0%时，抑制作物生长，出现叶小萎缩、深绿，叶缘反卷，根系发黄等症状。土壤次生盐渍化导致作物品质变差、产量降低，直接影响到我国瓜果蔬菜市场的供应需求，严重制约了我国设施栽培的可持续发展。

（3）设施土壤次生盐渍化治理措施

①工程措施。工程措施主要包括开沟和暗管排水洗盐、客土、换土和深耕翻土等。

②生物措施。生物措施包括栽培耐盐品种、轮作换茬和间套作以及生物除盐和有益细菌除盐。

③农艺措施。农艺措施包括合理施肥、平衡施肥、覆盖地膜、强化中耕、调控水分和施用土壤改良剂。

解决设施土壤次生盐渍化的措施涉及多个技术领域。其中，生物改良措施具有投资少、无二次污染等优点，但见效慢；工程排水、客土法等措施见效快，但成本偏高。因此，需要找到一条科学合理、环保高效、低成本的符合现代化农业可持续发展策略的治理途径，在有效降低设施土壤水溶性盐的同时避免土壤养分流失对周围水体生态环境造成二次污染。

108. 滴灌栽培设施作物土壤结构如何改良？

作物的生长、发育、高产和稳产需要有一个良好的土壤结构状况，以便保水保肥，及时通气排水，调节水气矛盾，协调肥水供应，并有利于根系在土壤中生长等。在自然情况下，地块土壤类型可能包括沙土、沙壤土、壤土、黏土等，需要精耕细作、增施腐熟有机肥或有机物、合理轮作倒茬、合理灌溉、日光处理以及适量施用石膏、土壤结构改良剂、功能性肥料与制剂等措施改良土壤结构。

连年施用有机肥才能不断补充有机质的消耗和供给形成团粒结构的物质。良好的土壤结构具有良好的团粒结构和较高肥力特性，据测定，具有良好土壤结构的地块粒径＞5 毫米的团粒的数量要比一般的地块高出 10％以上。

（1）有机肥和有机物　增施腐熟有机肥或有机物（如秸秆、饼肥）是设施土壤结构改良最重要的措施。一般要求基肥每亩施用腐熟有机肥 5～10 米^3。常用有机肥有腐熟羊粪、腐熟牛粪，禁止使用集约化养殖的鸡粪肥。

腐熟羊粪的养分含量，有机质为 24％、N 为 0.65％～0.8％、P_2O_5为 0.45％～0.6％、K_2O 为 0.23％～0.5％。由于垫圈等因素，实际养分含量有所降低。

腐熟牛粪的养分含量，有机质为 14.5％～21％、N 为 0.30％～0.45％、P_2O_5为 0.15％～0.25％、K_2O 为 0.1％～0.16％。

麦秆堆肥的养分含量，N 为 0.88％、P_2O_5 为 0.72％、K_2O 为 1.32％。

菜籽饼的养分含量，有机质为 75%、N 为 4.98%、P_2O_5 为 2.65%、K_2O 为 0.97%。

(2) 功能性肥料与制剂

①腐殖酸肥料。腐殖酸肥料是动植物经过长期的物理、化学、生物作用而形成的复杂有机物，具有肥料增效、改良土壤、刺激作物生长、改善农产品质量等功能。可分为黄腐酸、棕腐酸、黑腐酸。

②海洋生物资源肥料。海洋生物资源肥料包括有机水溶性肥料，如海藻酸有机水溶性肥料、壳聚糖有机水溶性肥料、鱼蛋白有机水溶性肥料，具有调节、促进、稳定植物生长的作用，还有活化土壤的作用。

③蚯蚓激酶制剂。土粒间的胶结物质以及土粒、离子、水分子所组成的平衡体系尤其是黏土高岭石结构受到蚯蚓激酶的扰动能够快速、有效地被改变，使其黏性强度降低、结构改良，有利于促进根际生态改善并提高作物组织与养分的活性。

④微生物菌制剂。微生物菌制剂是以微生物的生命活动导致土壤环境或作物得到特定效应的一种制品，有益微生物的种类、生命活动是否旺盛是其有效性的基础。所以，其效果与活菌数量、活性强度及周围环境条件密切相关，温度、水分、酸碱度、营养条件及原本生活在土壤中的微生物的排斥作用都会产生一定影响。

目前在生产上应用的有枯草芽孢杆菌、荧光假单胞杆菌、胶冻样芽孢杆菌、巨大芽孢杆菌、多黏类芽孢杆菌、解淀粉芽孢杆菌、侧孢芽孢杆菌等。

109. 设施作物滴灌系统构成及选型如何？

设施作物滴灌系统与设施基地规划建设及作物需水需肥特点有直接关系。在日光温室基地中温室排列整齐、有规律，分布较为集中。日光温室中种植的蔬菜作物往往需水需肥量较大、对施肥量和施肥种类要求较为复杂，不同生长发育阶段滴水量与频率、施肥量与种类以及频率要求也各不相同，还具有生长发育快、对及时供水供肥较为敏感的特点。

因此，设施作物基地滴灌系统的首部多采用有压变频滴灌系统，自动工作时的出水量呈随机矢量变化特点，由末端用户（几十至几百只阀门）自主调控。当用户打开或关闭辅管阀门时，该系统均能保证管道末端（毛管）的压力均衡和滴水量充足。

根据不同作物的需要选择合适的滴灌带，蔬菜滴灌一般使用边缝式滴灌带或类似产品。如天业产边缝式滴灌带工作压力 0.06～0.1 兆帕，每孔滴水量为 1.6～2.8 升/时（间距 10～30 厘米）。果树与蔬菜长季节种植可选用内镶式滴灌管或压力补偿式滴灌管。如天业产内镶式滴灌管工作压力 0.06～0.12 兆帕，每孔滴水量为 1.38～3.2 升/时（间距 10～150 厘米）。天业产压力补偿式滴灌管工作压力 0.06～0.45 兆帕，每孔滴水量为 4.0～8.0 升/时（间距 30～200 厘米）。草莓某生长阶段需要微喷可选用天业产微喷头（r=3 米）。

各温室的用户根据所种植作物的生长规律、节奏及其所需的适宜灌溉量决定打开或关闭阀门的频率与时间，或依据有代表性和典型性土层土壤水分、土壤水势等参数传感装置来自动操作。

要求水质中性偏酸性（pH＝6.8～7.5）、总盐含量低于 0.3%、矿化度低于 0.5 克/升。

首部设置泵前过滤器、离心＋叠片式过滤器（＞100 目），在末端施肥罐后端设置网式或叠片式过滤器（200 目，74 微米）进行水处理，经两级过滤后可以有效预防滴孔堵塞。

滴灌设施作物栽培技术中采取膜下滴灌高垄栽培模式，除了可以定时定量把肥水有效地滴施到作物根系伸展到的土层区域外，还可以有效降低设施相对封闭空间的环境湿度，从而减免病害发生与可能使用化学杀菌剂的风险，这一点尤为重要。

但实际生产中，许多种植户主自安装的滴灌管路采用的是管径为 70～90 毫米（＞40 米^3/时）的大口径辅管，疑似直接将大田的管路布置思路“山寨”过来，直观地认为这种大管径、大流量的辅管才能满足蔬菜作物的需求，结果往往造成用水量过多、温室内持续保持较高的湿度，不仅易发生常见的番茄叶霉病、番茄灰霉病，而且还发生了新的、罕见的、危害更大的番茄灰叶斑病（匍柄霉叶斑病）。

滴灌设施作物栽培是单栋或多栋管理相对独立的温室，对于单栋温室种植一种作物，水分与养分的管理可采用小型水肥一体化装置操作；对于多栋温室同期种植同一种作物，则水分与养分的管理可采用中型水肥一体化设备操作。若大规模种植同一种作物则可应用大型水肥一体化设备。

天业智慧农业科技有限公司产 TYSF-1C 中型水肥一体化设备借助滴灌管道系统将可溶性固体肥料或液态肥配兑而成的肥液与滴灌水一起，均匀、准确地输送到作物根部及土层，并可按照作物生长需求全生育期水分与养分按比例定量、定时供给。吸液肥能力＞400 升/时，可实现手机 App 远程控制，为 10 栋以上日光温室供应水肥。

110. 设施作物种植养分管理方案如何确定？

在一般的土壤养分条件下，植株的自然光合同化物就可供给枝叶生长、开花、结果的基本需要，可以产生一个基本的产量，以利于其自身繁殖。由于人们的需要，期望作物植株产生出更高的产量，依赖其自然的光合产物及所产生的养分是无法满足这个期望的，预期产量与自然的基本产量间会出现巨大的差距。因此，在作物种植过程中需要人为施肥，增施肥料可充分满足作物生长发育与结果对养分的需求，从而实现增产的目的。

目标产量配方法是根据作物产量的构成，由土壤本身和施肥两个方面供给养分的原理来计算肥料的用量。先确定目标产量，以及为达到这个产量所需要的养分数量，再计算作物除土壤所供给的养分外需要补充的养分数量，最后确定施用多少肥料。计算方法包括养分平衡法和地力差减法。

水肥一体化方案应与实际的滴灌系统、用户的肥料产品与技术条件相结合，即“技物结合”。不管是自己配制的还是定制的专用滴灌肥、固态肥、液态肥，首先要保证单次施肥养分种类及其数量与比例合理，不符合实际的水肥一体化方案是不可行的。水肥一体化操作的目标是既要在单位时间内完成本次滴水的量与范围，同时还要随水带肥把养分输送并聚集在当次作物根系主要分布的土层内。自己配制或定制的专用滴灌肥、固态肥、液态肥各有特点，采用什么取决于用户的意图与条件。每次施肥时凡是无法确定养分种类及其数量与比例的方案都是不可行的。

在不同生态地理条件、地块以及作物条件下，用户与实际的滴灌系统、可获得的肥料产品与所掌握的技术条件相结合，会形成一套独有的、适用的水肥一体化方案。通过不同的设施作物种植养分管理方案所取得的水肥一体化方案需要在应用过程中不断调整与优化。在水肥一体化方案中增加改良土壤、促进作物生长的成分、增加以病害预防为主的生物菌成分或产品等需要与用户的实际情况相结合。一套独有的、适用的水肥一体化方案应当与可获得的肥料产品与所掌握的技术条件保持相对的稳定性、配套性。

111. 目前设施农业中智能化应用技术有哪些？

监测与调节是日光温室作物种植的关键环节，如果一日出错可能百日的努力前功尽弃。考虑到实际情况，管理人员不便住在温室及时观察，利用现代电子与数字化技术与装置就可实现实地、实时、远程监控。

温室管理者可通过手机应用软件（App）及时掌握温室内的气温等环境因子指标，做到及时观察、分析、判断与采取措施。数据传输装置采用的是中国移动数据 SIM 卡接口，在无 WiFi 环境下可以保证无线通信设备独立、超远程运行。

温室内配套安装视频监控，有利于实时远程观察植株的生长情况、滴灌情况、病虫害发生情况、通风情况等管理工作，与气温、空气湿度、地温和土壤湿度因子观察配合，功能更强，效果更佳。为实现远程遥控操作开窗或关窗的确认奠定良好基础。

配套安装专用水肥一体化装置，可通过远程遥控启动或停止实施滴水施肥水肥一体化操作的程序见图 11 - 1，例如滴水 1 小时—滴肥 2 小时—滴水 1 小时，遥控开启或关闭水肥输出管路的电磁阀。数据传输装置采用的是中国移动数据 SIM 卡接口，在无 WiFi 环境下可以保证无线通信设备独立、超远程运行（已成功测试 224 团日光温室至约 2 000 千米以外的石河子市之间的实时操作）。

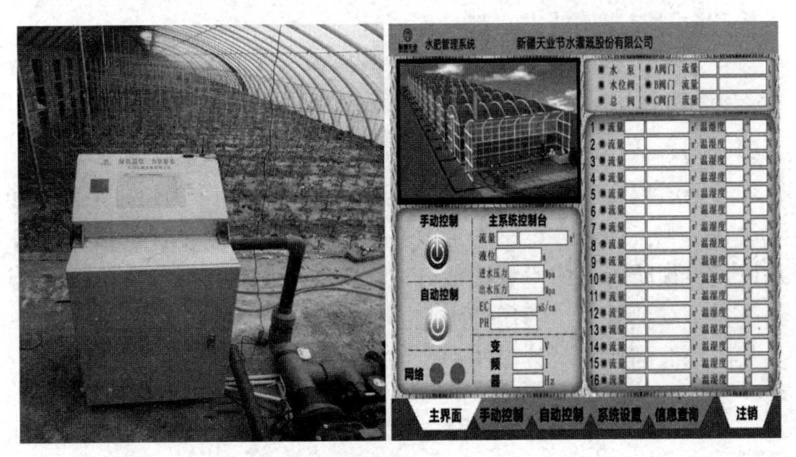

图 11 - 1　设施农业水肥一体化技术

112. 滴灌栽培设施作物病虫害如何防治？

(1) 设施作物病虫害特点　病原物危害不受季节限制，常年有适宜的寄主和适宜的温湿度等环境因素。

环境相对封闭和狭小，病原物经繁殖后在温室内可以高效积累，在短时间内迅速达到流行所需的病原物数量，发病快，毁灭性强。

(2) 设施作物病虫害发生原因　作物病虫害的发生情况与当地的气候、茬口、使用前消毒与使用后清理、品种抗病性、生长期管理等有密切关系，且对病虫害的防治影响明显。可以参考有针对性的制剂使用方案，但使用方法要与当地的实际相结合。病虫害一旦发生很难防治，要抓住预防这一关键。

土壤中存在数量巨大、种类繁多的微生物，它们中绝大部分是有益的，在土壤发育、物质转化、结构形成、提高作物养分有效性、抑制病原菌活性等方面发挥着重要作用。设施蔬菜连年种植，生活在土壤中或残留在土壤的病株残体中的有害微生物即土传病原菌会引起作物病害，如尖孢镰刀菌导致的枯萎病、由大丽轮枝菌导致的黄萎病、由根腐疫霉菌导致的根腐病、由立枯丝核菌导致的立枯病等。由土传病原菌引起的作物病害统称为土传病害。土传病害的病原菌一般通过土壤、肥料（有机肥）、灌溉水或种子进行传播。土传病菌在土壤中存活时间长，不易消除。

(3) 设施作物病虫害种类

①主要虫害。蚜虫、白粉虱、潜叶蝇、西花蓟马、红蜘蛛、锈壁虱等。

②主要病害。早疫病、叶霉病、灰霉病、白粉病、霜霉病、病毒病等。

(4) 设施作物主要病虫害防治

①白粉虱防治。

a. 化学制剂。用1.8%阿维菌素乳油1 500～2 000倍液、25%吡虫啉可溶性液剂2 000～4 000倍液或2.5%的氯氟氰菊酯乳油3 000倍液叶面喷洒喷雾，每次加入0.05%的增效剂（有机硅）。间隔5～7天，连续喷雾2～3次。

b. 天敌生物。人工释放丽蚜小蜂防治白粉虱。一般说来，当每株植物有1头白粉虱时，放蜂3～5头，隔10天左右放1次，连续放蜂3～4次。

c. 植物源制剂。用0.5%印楝素乳油稀释1 000倍防治白粉虱，或用1.3%苦参碱水剂按200毫升兑100千克水稀释喷雾，或用0.4%蛇床子素乳油稀释300倍液喷雾，每次可加入0.05%的增效剂（有机硅）。连续喷雾2～3次，间隔3～5天。

②红蜘蛛与锈壁虱防治。

a. 化学制剂。用1.8%阿维菌素乳油1 500～2 000倍液、73%炔螨特乳油1 000～1 500倍液、15%哒螨灵乳油3 000倍液或20%双甲脒（螨克）乳油1 000倍液进行喷雾，每种制剂配制时均需加入0.05%的有机硅作为增效剂。

b. 天敌生物。天敌种类主要有中华草蛉、食螨瓢虫和捕食螨类等，其中尤以中华草蛉种群数量较多，对红蜘蛛的捕食量较大。

c. 植物源制剂。用0.5%印楝素乳油稀释1 000倍液，或用1.3%苦参碱水剂按200毫升兑100千克水稀释喷雾，或用0.4%蛇床子素乳油稀释300倍液喷雾，每次可加入0.05%的增效剂(有机硅)。间隔3～5天，连续喷雾2～3次。

③番茄白粉病、辣椒白粉病、草莓白粉病防治。白粉病从6月开始发生，可传播到秋冬。一般点片开始发生，从下部叶片始发生。粉状的孢子可随风、气溶胶、空气流动、操作工具、人的手和衣服附着轻而易举随处传播和再侵染。一旦病原孢子基数暴涨，将很难控制。

a. 封闭防治法。发病初期，及时封闭防治，先用烟雾剂如百菌清熏蒸整个温室，然后用水剂喷植株，再摘除重病叶。按顺序喷雾法采用水剂喷雾，从植株上部向下喷，先喷未发病植株，从上部向下喷或从未发病叶、病轻叶向病重叶顺序而喷，然后喷发病轻的植株，最后喷发病重的植株。

b. 换药或混药法。第一遍用2%武夷菌素水剂200倍液＋20%三唑酮乳油1 500～2 000倍液，第二遍用2%抗霉菌素120水剂200倍液＋50%甲基硫菌灵可湿性粉剂800倍液，第三遍用30%富特灵可湿性粉剂1 500～2 000倍液或20%敌唑酮胶悬剂400倍液等。

用0.4%蛇床子素乳油稀释300倍液喷雾。先喷没有发病的区域，后喷发病株。然后把有病斑的叶摘除，带到温室外掩埋。间隔2～3天后再喷1次。喷药宜在下午至傍晚温度适宜、蒸发量少的条件下实施。

可选用10%腐霉利烟剂、45%百菌清烟剂或15%三乙膦酸铝烟剂，每亩用药200～250克，于傍晚用暗火点燃后立即密闭烟熏一夜，次日开门通风。

选用50%腐霉利可湿性粉剂1 000～1 500倍液或50%异菌脲可湿性粉剂1 000倍液于晴天上午喷施。间隔5～7天，连续2～3次。采用全能增效剂和灰霉克混用（1∶1）防效达79.81%，增产105.2%，防病增产效果显著。也可采用木霉菌水分散性微粒剂、10%多抗霉素可湿性粉剂1 500倍液或0.3%禾康生物液60倍液等，均有良好防效。

④番茄根腐病、辣椒根腐病、草莓红中柱根腐病防治。

a. 合理滴水灌水。保持土壤适宜的含水量与适度的透气性，创造不适宜发病的条件。

b. 拔除病株。将发病萎蔫植株拔除并带到室外掩埋，连带的土壤不能散落到周围。

c. 土壤消毒与酸碱性调整。茬间夏季高温进行土壤消毒，土壤偏碱性（pH>8.0）有利于病原菌侵染危害，应增施腐熟粪肥适当改良根际环境的理化性质。

d. 化学防治。采用50%甲基硫菌灵可湿性粉剂稀释500倍液灌根。

e. 生物菌制剂防治。栽苗前对根层施生物菌枯草芽孢杆菌，栽苗时蘸根或生长期灌根进行预防。

（5）作物生理性缺钙症防治

①选用适应性强的品种。

②采用膜下滴灌方式种植，保持土壤水分的持续稳定。适时适量滴水，防止土壤忽干忽湿。

③改良土壤，增施有机肥，增加土壤有机质，改善土壤结构，预防土壤次生盐渍化。

④调节并保持适宜的环境温度，预防高温。

⑤注重基肥增施钙肥（过磷酸钙或重过磷酸钙）。从初花期开始，定期对叶面喷施0.1%氯化钙液或0.1%天然碳酸钙镁溶液，

每隔 7～10 天喷一次，共喷 3～4 次。

113. 设施农业发展的新趋势有哪些？

(1) 日光温室节能与保温增温性的提高 新时代“加强环境保护，建设美丽家乡”的要求，限制了煤炭等污染能源应用，逐步开发新的供暖措施。

①农艺措施。选择耐低温、耐弱光照的品种。

②农业工程措施。大跨度（≥10 米）、高矢高（6～7 米）、高后墙（≥3.5 米），主动吸热放热墙面，温室顶层高温空气与底层（地下层）冷空气循环，充分利用太阳能。

③新能源。天然气、沼气与生物质燃气、地热、太阳能、电能、空气能等。

④新材料。红外线加热黑体材料、墙面潜热材料开发与应用等。

(2) 长季节栽培 一般日光温室蔬菜种植的茬口安排为春提早（果菜类）、秋延后（果菜类）、冬青茬（叶菜类），一年可种植 2～2.5 季，需要多次育苗或种植。如种植辣椒往往结果后期到第 5 层“满天星”因受高温或低温影响，僵果、畸形果和变味果增多。这种传统的种植方式费劳力多、操作烦琐、生产成本高。

采取辣椒长季节栽培的新栽培技术，可育苗或种植一次连续生长结果，种植操作大大简化，结果时间也大大延长。要改变原有的“准二杈分枝”的特性，适时适法整形修剪。

滴灌系统末端与滴水器的应用也要适应这种新的栽培方式。

第十二章

滴灌在生态治理中的应用

114. 目前滴灌系统在生态治理中有哪些应用?

生态治理，即运用生态学原理对有害生物与资源进行宏观调控和管理。滴灌条件下生态治理主要指荒漠化土地治理、矿区地表植被修复、荒山绿化、沙漠公路治理等。

荒漠化土地治理主要由水资源短缺、环境气候恶化造成，可采用滴灌模式区域性分片治理，主要采用钻井和引水高效利用水资源。

矿区地表对土壤的破坏较为严重，根据破坏的严重程度采用不同的物理或化学技术进行土壤修复，使得土壤适宜一些植物生长，选用滴灌技术防止地质沉降，不易形成径流冲刷，有效保护土壤。

荒山绿化最适宜使用滴灌技术，尤其干旱半干旱地区降水少，山上植被少，表层土壤风蚀严重，以至于有岩石裸露，采用滴灌技术种植生态防风林，有效改善区域环境，大大降低风蚀对地表的破坏。

沙漠公路治理的关键是防风固沙，保护已有植被，主要解决沙丘移动问题。沙漠里总会有主导风向，迎风面的沙子在风力推动下，不断越过沙丘顶部并向下滑落，这样沙子源源不断地移动，就等于沙丘向前推移，成为移动沙丘。治理沙漠的有效办法是建立草方格，防止沙丘推进。沙漠地区有计划地栽培沙生植物，造固沙林。一般在沙丘迎风坡上种植低矮的灌木或草本植物，固定住松散的沙粒，在背风坡的低洼地上种植高大的树木，阻止沙丘移动。沙漠治理仍是世界性难题，各地沙漠成因不同，治理方式也不同，沙漠公路滴灌治理技术则沿公路就近钻井取地下水，利用节水滴灌设备栽植沙生植物。因沙漠缺水，种植沙生植物难度较大。一般沙漠绿化带在 50～100 米范围内，主要防止流沙堵塞道路。

115. 滴灌技术在生态治理中有什么优势？

在滴灌条件下水的有效利用率高，灌溉水湿润部分土壤表面，可有效减少土壤水分的无效蒸发。同时，由于滴灌仅湿润作物根部附近土壤，其他区域土壤水分含量较低。因此，可防止杂草生长。滴灌系统不易产生地面径流，且易掌握精确的灌水深度。

滴灌灌水后，土壤根系通透条件良好，通过注入水中的肥料，可以提供足够的水分和养分，使土壤水分处于能满足作物要求的稳定和较低吸力状态，灌水区域地面蒸发量也小，这样可以有效控制保护地内的湿度，使保护地中作物病虫害的发生频率大大降低，也降低了农药的施用量。

由于滴灌能够及时适量供水、供肥，可以在防风沙的基础上种植经济价值高的农产品，也可以种植牧草发展畜牧业，使商品率大大提高，提高经济效益。

由于滴头能够在较大的工作压力范围内工作，且滴头的出流均匀，所以滴灌适宜于地形有起伏的地块和不同种类的土壤。同时，滴灌还可在滴头范围内形成低盐区，有利于植物生长，也不会造成地面土壤板结。

灌溉水浸润地面植物生长范围内，有效降低表面蒸发量，故直接损耗于蒸发的水量减少，土壤湿润程度容易判断，容易控制灌溉水量，不致产生地面径流和土壤深层渗漏。滴灌技术对干旱半干旱地区生态治理实现水利化开辟了新途径。

116. 荒漠化区域生态建设中，灌水器的选择应该注意些什么？

荒漠化区域一般自然环境较恶劣，对滴灌设备要求较为严格，与大田作物相比，滴灌带使用一次性，灌溉一个作物生长期回收再利用。荒漠化区域生态治理环境因素影响较多，比如水质、风沙、气候等，荒漠化区域生态治理一般就近取水，较多的钻井取浅层地下水，因地下水富含矿物质较多，滴头的流道较小，灌水量较小，滴头处容易造成盐分积累，滴头容易堵塞。因荒漠化区域一般较为干旱，早晚温差大，植被稀少，对于滴灌管和滴头的抗老化性能要求较高。滴水器是滴灌系统的核心，一般选用抗堵塞性能优、抗老化稳流型滴头。

117. 套种作物的滴灌系统如何布置？

套种是一种集约利用时间的种植方式，即在前季作物生长后期的株行间播种或移栽后季作物，也称套作、串种。对比单作不仅能阶段性地充分利用空间，更重要的是能延长后季作物的生长季节，提高复种指数，提高年总产量。

套种模式的滴灌系统设计时主要考虑以下因素：前季作物不需要灌溉，只考虑套种作物；前季作物还需要灌溉，后期套种作物也需要灌溉。

针对这两种模式进行严格区分，前季作物不需要灌溉，只考虑套种作物，按照单一作物模式布置管网结构；前季和套种作物都需要灌溉并且灌水量差别很大，考虑双支管模式。对于较小区域面积灌溉，可用滴灌带阀门控制，并且工作量较大；对于大田作物，采用双支管模式，对于前季作物和套种作物分别制定轮灌制度，并且根据作物耗水进行累加计算单系统水量。

118. 生态治理中排水井、排气阀如何设置？

生态治理中一般灌溉区域地势相对复杂、地形多样化，对于主干和分干地埋管道应尽可能做到放坡，地形起伏较大时尽可能减小高低起伏落差。在管道高处安装排气阀，在低洼处安装排水阀，这样可能会造成一条管道上排气和排水阀较多现象。水从低处向高处输送，对于地势相对平缓的管路，一般在管道 500 米间距设置一排气阀，若地形起伏较大根据实际情况增加排气阀，末端必须设置排气阀，排气阀规格按照四比一法设计。水从高处输送到低处，若没有采取减压措施，排气阀适当放大规格。

常规管道保证安装在冻土层以下。冻土层可参考当地历史年份最大冻土层深度，一般将排水井设置在末端和低洼低处设置。末级设置的主要目的是管道冲洗以及灌溉期结束管道积存的泥沙可直接排出。

119. 生态治理中的滴灌系统与大田滴灌系统的区别有哪些？

生态治理一般环境、地质、气候条件较差，地形相对复杂，并且滴灌系统使用多年，对于设备要求更高，建设成本高，尤其是地面管网使用寿命要长，系统运行时管网受压不均匀，极易造成爆管。运行管护要求高，易受环境影响。水中极易形成藻类堵塞滴头，若滴头堵塞整个滴灌系统将瘫痪。大田滴灌系统使用一次性滴灌带，管网设计压力低，轮灌过程中运行压力稳定。

120. 没有供电条件下，如何在生态治理中解决滴灌系统动力问题？

生态治理往往都在偏远地区，电力设备不健全，在建设滴灌系统的过程中应先考虑水源、供电问题。水源在高处的，具备自压条件的考虑自压设备，不具备自压条件的，采用柴油机动力发电供电，将水源提升并加压供水。务必考虑运行成本，能一次性加压完成的不进行二次加压。

主要参考文献
REFERENCES

陈林，程莲，李丽，等，2013. 水稻膜下滴灌技术的增产效果与经济效益分析［J］. 中国稻米，19（1）：41-43.

陈林，王海波，2017. 新疆主要农作物滴灌高效栽培实用技术［M］. 北京：中国农业大学出版社.

陈艳花，2014. 滴灌紫花苜蓿高产优质栽培管理技术探讨［J］. 石河子科技（1）：3-4，8.

陈伊锋，陈林，杨金霞，等，2013. 昌吉滨湖镇膜下滴灌水稻栽培技术应用与前景［J］. 北方水稻，43（2）：5-46.

崔瑜，陆新德，金玮玲，等，2018. 塔城地区温室辣椒长季节生产管理［J］. 中国果菜，38（6）：60-62.

窦威，2019. 滴灌技术在柑橘种植上的应用探讨［J］. 南方农业下旬，13（12）：9-10.

葛菊芬，颜彤，欧阳炜，等，2010. 新疆辣椒产业现状及发展对策建议［J］. 辣椒杂志（2）：8-10.

胡化柏，李建农，沈益新，2010. 华东农区紫花苜蓿短期栽培利用的可行性研究［J］. 中国草地学报（1）：64-68.

劳动和社会保障部教材办公室，2008. 蔬菜工：中级［M］. 北京：中国劳动社会保障出版社.

李宝珠，王重新，2005. 渠水滴灌水质标准与沉淀技术的研究［J］. 石河子大学学报（自然科学版），23（1）：88-89.

李宝珠，杨晓军，2017. 滴灌工程规划设计［M］. 北京：中国农业大学出版社.

李艳，王亮，刘志刚，2014. 新疆绿洲干旱区制干辣椒生产技术现状与产业发展对策［J］. 北方园艺（13）：189-192.

刘竹溪，刘景植，2009. 水泵及水泵站［M］. 4 版. 北京：中国水利水电出版社.
沈兆敏，2014. 晚熟柑橘的高品质栽培技术［J］. 果农之友（5）：28-30.
王敏峰，陈卫萍，2005. 衰老枣树的更新复壮技术［J］. 落叶果树，37（2）：27.
王荣栋，2012. 小麦滴灌栽培［M］. 北京：中国农业出版社.
王荣栋，尹经章，2014. 作物栽培学［M］. 北京：高等教育出版社.
严海军，刘竹青，吕娟妃，2006. 灌溉工程中空气进排气阀的选型计算［J］. 节水灌溉（3）：10-12.
杨清霖，杨向德，石元值，2019. 茶园滴灌与水肥一体化技术研究［J］. 茶叶学报，60（1）：32-37.
姚振宪，何松林，1999. 滴灌设备与滴灌系统规划设计［M］. 北京：中国农业出版社.
银永安，陈林，王永强，等，2013. 膜下滴灌水稻产量与生理性状及产量构成因子的相关性分析［J］. 中国稻米，19（6）：37-39.
尹飞虎，2013. 滴灌——随水施肥技术理论与实践［M］. 北京：中国科学技术出版社.
尹飞虎，周建伟，董云社，等，2010. 兵团滴灌节水技术的研究与应用进展［J］. 新疆农垦科技，33（1）：3-7.
袁火霞，谢方生，2007. 红枣直播建园技术探讨［J］. 新疆农垦科技（1）：21-23.
张志新，2012. 大田膜下滴灌技术及其应用［M］. 北京：中国水利水电出版社.
郑耀泉，李光永，党平，等，1998. 喷灌与微灌设备［M］. 北京：中国水利水电出版社.
郑耀泉，刘婴谷，严海军，等，2015. 喷灌与微灌技术应用［M］. 北京：中国水利水电出版社.
周易明，2014. 滴灌技术在苜蓿生产上的应用［J］. 新疆畜牧业（2）：61-62.